JN192154

実践的技術者のための
電気電子系教科書シリーズ

制御工学

成清 辰生
不破 勝彦 共著

理工図書

発刊に寄せて

人類はこれまで狩猟時代、農耕時代を経て工業化社会、情報化社会を形成し、その時代時代で新たな考えを導き、それを具現化して社会を発展させてきました。中でも、18 世紀中頃から 19 世紀初頭にかけての第 1 次産業革命と呼ばれる時代は、工業化社会の幕開けの時代でもあり、蒸気機関が発明され、それまでの人力や家畜の力、水力、風力に代わる動力源として、紡績産業や交通機関等に利用され、生産性・輸送力を飛躍的に高めました。第 2 次産業革命は、20 世紀初頭に始まり、電力を活用して労働集約型の大量生産技術を発展させました。1970 年代に始まった第 3 次産業革命では電子技術やコンピュータの導入により生産工程の自動化や情報通信産業を大きく発展させました。近年は、第 4 次産業革命時代とも呼ばれており、インターネットであらゆるモノを繋ぐ IoT（Internet of Things）技術と人工知能（AI: Artificial Intelligence）の本格的な導入によって、生産・供給システムの自動化、効率化を飛躍的に高めようとしています。また、これらの技術やロボティクスの活用は、過去にどこの国も経験したことがない超少子高齢化社会を迎える日本の労働力不足を補うものとしても大きな期待が寄せられています。

このように、工業の技術革新はめざましく、また、その速さも年々加速しています。それに伴い、教育機関にも、これまでにも増して実践的かつ創造性豊かな技術者を育成することが望まれています。また、これからの技術者は、単に深い専門的知識を持っているだけでなく、広い視野で俯瞰的に物事を見ることができ、新たな発想で新しいものを生みだしていく力も必要になってきています。そのような力は、受動的な学習経験では身に付けることは難しく、アクティブラーニング等を活用した学習を通して、自ら課題を発見し解決に向けて主体的に取り組むことで身につくものと考えます。

本シリーズは、こうした時代の要請に対応できる電気電子系技術者育成のための教科書として企画しました。全 23 巻からなり、電気電子の基礎理論をしっかり身に付け、それをベースに実社会で使われている技術に適用でき、また、新たな開発ができる人材育成に役立つような編成としています。

編集においては、基本事項を丁寧に説明し、読者にとって分かりやすい教科書とすること、実社会で使われている技術へ円滑に橋渡しできるよう最新の技術にも触れること、高等専門学校（高専）で実施しているモデルコアカリキュラムも考慮すること、アクティブラーニング等を意識し、例題、演習を多く取り入れ、読者が自学自習できるよう配慮すること、また、実験室で事象が確認できる例題、演習やものづくりができる例題、演習なども可能なら取り入れることを基本方針としています。

また、日本の産業の発展のためには、農林水産業と工業の連携も非常に重要になってきています。そのため、本シリーズには「工業技術者のための農学概論」も含めています。本シリーズは電気電子系の分野を学ぶ人を対象としていますが、この農学概論は、どの分野を目指す人であっても学べるように配慮しています。将来は、林業や水産業と工学の関わり、医療や福祉の分野と電気電子の関わりについてもシリーズに加えていければと考えています。

本シリーズが、高専、大学の学生、企業の若手技術者など、これからの時代を担う人に有益な教科書として、広くご活用いただければ幸いです。

2016 年 9 月　　　　編集委員会

実践的技術者のための電気・電子系教科書シリーズ
編集委員会

まえがき

本書の目的は、制御理論を修得するうえで理解しておかねばならない基礎的な事項を、制御システムの解析と設計の観点から解説することである。コンピュータの進展に伴い、制御系 CAD などのソフトウェアも整備され、高度な制御理論を駆使して比較的容易に実際の問題に対処できるようになってきた。しかし、何らかの原因で目標の制御性能が達成できない場合、その原因を追究するための理論的バックグランドを持ち合わせていなければ問題に対処することは困難である。本書は、読者が段階を踏んで読み進めば十分な理論的バックグランドを身につけることができるよう、制御理論の数学的基礎、制御系の解析、制御系設計法およびその応用までを体系的に網羅している。本書の特徴を以下にまとめる。

1. 制御理論の数学的基礎については、ラプラス変換と線形代数の章を設けて解説した。

2. 制御系の解析は、古典制御と現代制御理論が基礎となって進展しているため、これらの理論体系を区別せず融合して学ぶことができる構成とした。

3. 制御系設計法については、状態推定器を併合した状態フィードバック制御系を主体に解説した。とりわけ

   (1) 初学者が理解しづらい不可制御における極配置や最適レギュレータの証明については紙面を割いた。

   (2) 最小次元状態推定器では Gopinath の方法ではなく固有値問題による設計法を取り上げた。

なお、本書は第 1 章から第 8 章までの制御系の解析に関する内容を成清が、第 9 章から第 10 章までの制御系の設計に関する内容を不破が、各々分担執筆した。本書の完成に至るまで、原稿作成段階から著者間で幾度となく読み合わせをし、表現の平易化や誤り訂正、計算結果の検証を行なってきた。それでも、

筆者らの力不足も手伝って難解な箇所や予期せぬ誤りがあることを恐れている。読者のご叱正を乞う次第である。おわりに、執筆の機会を与えて下さり、著者らの拙い原稿に対して貴重なご助言を賜りました元大同大学（現在田中秀和技術士事務所）田中秀和先生に深く感謝申し上げます。

成清辰生

不破勝彦

目　次

1章　序論

1.1　制御工学とは

JIS Z 8116 によると「制御とは、ある目的に適合するように、制御対象に所要の操作を加えること」と定義されている。英語では「コントロール (control)」と訳されるが、control は、ラテン語の contra と rotulus が組み合わさった contrarotulus が語源と言われている。contra は逆に (contradict) を意味し、rotulus は転がす (roll) を意味することから、制御という言葉には、人為的な操作によって、対象物を意のままに操るという意味がある。そして、現実の社会に有益な生産物をもたらすために、制御を実践する技術や学問を制御技術や制御工学と呼ぶのである。

容易に想像できるように、目的を決定するのは人間であり、所要の操作を加えるのも人間もしくは人間が造った機械である。人間の意志に反して機械が独自に判断して自分勝手に制御することは想定されておらず、もしそのような制御が行なわれてしまうと、住みにくい世の中になることは想像に難くない。目的が与えられれば、それを達成するようにしか制御しないわけであるから、制御の難しさの本質は、いかにして制御対象を操り、その結果を評価するかということにある。制御工学は、これらの問題に対してフィードバックという技術的な行為の正当性を様々な数学的手段を用いて明らかにし、その設計法を与える学問である。

制御技術は、制御理論の発展や制御システムの構成要素であるアクチュエータ、センサおよびコンピュータの発展により、ロボット、自動車および航空機などの産業機械分野だけではなく、あらゆる分野でその有用性を拡大させている。たとえば、家庭においては、エアコン、冷蔵庫、掃除機などの電化製品からお風呂やトイレに至るまで多くの機器に用いられている。また、「スマートハウス」と称して制御と情報技術を活用し、CO_2 排出を削減し省エネルギー化を実現することを目的に、家庭内のあらゆる機器を統括して最適に制御するエネルギーマネジメントシステムが普及しつつある。さらには、社会全体をネットワーク化することで、最適な電力ネットワークシステム「スマートグリッド」や車の「自動運転システム」なども含めて統合した安全で効率的な「スマート社会」の実現を目指した研究開発も進められている。

1.2 制御工学の歴史

制御技術の始まりは、1788 年のジェームスワットの遠心調速器と言われており[1)]、蒸気機関の回転速度制御に用いられた。図 1.1 にその原理を示す。蒸気機関の回転速度が目標値よりも大きくなると、遠心力も大きくなって振り子の開き角度 θ が大きくなるので、すべり筒の位置が上がり、調節弁が閉じて供給蒸気量が減少し、蒸気機関の回転速度が小さくなる。逆に、蒸気機関の回転速度が目標値よりも小さくなると、遠心力も小さくなって θ が小さくなるのですべり筒位置が下がり、調節弁が開いて供給蒸気量が増加し、蒸気機関の回転速度が大きくなる。このように、回転速度を振り子で測定し、その信号をフィードバックして目標値との差が小さくなるようにしているのである。同時代には、制御技術の理論的基盤となるラプラス変換やフーリエ変換の理論も開発された。

1860 年代になると、マックスウェル、ラウスおよびナイキストらによる安定理論が構築され、第二次世界大戦を経て、古典制御と呼ばれる一入力一出力システムの制御理論が体系化された。1950 年代に入ると、カルマン、リアプノフ

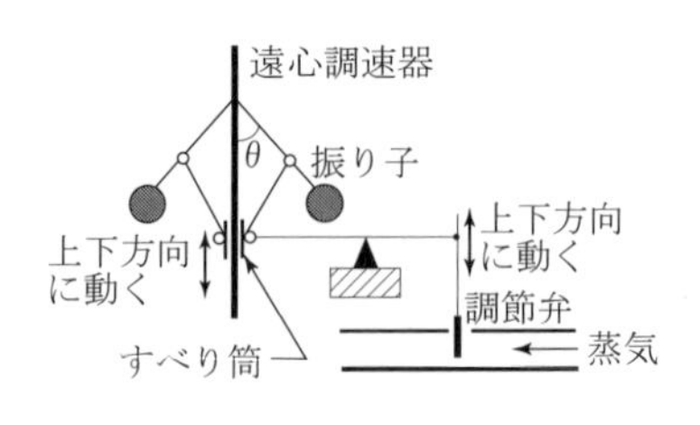

図 **1.1** 遠心調速器

およびベルマンらにより、微分・差分方程式を基盤とする状態空間上の制御理論が提唱された。その後のディジタル計算機の発達や宇宙開発競争に触発され、1970 年代には状態空間上の多入力多出力システムに対する制御理論がほぼ体系化された。状態空間上の制御理論は、古典制御に対して現代制御理論と称される。一方で現代制御理論に対しては、制御対象の数学モデルに基づく精緻な理論体系をもっているが実用的でないという指摘がなされたため、1980 年代から、数学モデルの不確かさを許容する制御理論の研究が盛んに行なわれた。その後、この理論はロバスト制御理論や H_∞ 制御理論として発展し、高度な制御システムの基盤技術となり、現在に至っている。

2章　ラプラス変換

本章では、制御工学や電気・情報工学において、フーリエ変換とともに重要な解析手法として用いられているラプラス変換について述べる。

2.1　ラプラス変換の導入

ここでは、ラプラス変換がフーリエ変換の自然な拡張として導入されることを示す。フーリエ変換およびフーリエ逆変換は、虚数単位 $j(j^2=-1)$ を用いて

$$\mathcal{F}[f(t)] = F(j\omega) = \int_{-\infty}^{\infty} f(t)e^{-j\omega t}dt \tag{2.1}$$

$$\mathcal{F}^{-1}[F(j\omega)] = f(t) = \frac{1}{2\pi}\int_{-\infty}^{\infty} F(j\omega)e^{j\omega t}d\omega \tag{2.2}$$

で定義される。この $f(t)$ に対して

$$\int_{-\infty}^{\infty} |f(t)|dt < \infty \tag{2.3}$$

であること、すなわち絶対積分可能であることがフーリエ変換が存在するための十分条件である[2)]。一方、関数 $f(t)$ が絶対積分可能でなくても

$$p(t) = \begin{cases} f(t)e^{-ct},\ \ c>0 & (t \geq 0) \\ 0 & (t<0) \end{cases}$$

として新たな関数 $p(t)$ をつくり、c を十分大きくとれば

$$\int_{-\infty}^{\infty} |p(t)|dt < \infty$$

となることがある。このとき、$p(t)$ は絶対積分可能であるので

$$\mathcal{F}[p(t)] = P(j\omega) = \int_{0}^{\infty} p(t)e^{-j\omega t}dt = \int_{0}^{\infty} f(t)e^{-(c+j\omega)t}dt \tag{2.4}$$

となり、右辺の積分、すなわちフーリエ変換は存在する。ここで $s=c+j\omega$ とおけば、s は積分に無関係な定数と考えることができるため

$$\int_0^\infty f(t)e^{-st}dt = F(s) \tag{2.5}$$

と書ける。さらに、フーリエ逆変換より

$$p(t) = \mathcal{F}^{-1}[P(j\omega)] = \frac{1}{2\pi}\int_{-\infty}^{\infty} P(j\omega)e^{j\omega t}d\omega = f(t)e^{-ct}$$

となる。ここでも、$s=c+j\omega$ とおき、(2.4)、(2.5) 式を用いて書き直すと

$$\begin{aligned} f(t) &= \frac{1}{2\pi}\int_{-\infty}^{\infty} F(s)e^{(c+j\omega)t}d\omega \\ &= \frac{1}{2\pi j}\int_{c-j\infty}^{c+j\infty} F(s)e^{st}ds \end{aligned} \tag{2.6}$$

が得られる。以上の議論を定義としてまとめる。

定義 2.1 $t \geq 0$ で定義された $f(t)$ に対して

$$\int_0^\infty |f(t)|e^{-\sigma t}dt < \infty \qquad (\sigma > 0) \tag{2.7}$$

をみたす σ が存在すれば

$$F(s) = \int_0^\infty f(t)e^{-st}dt \tag{2.8}$$

$$f(t) = \frac{1}{2\pi j}\int_{c-j\infty}^{c+j\infty} F(s)e^{st}ds \tag{2.9}$$

の積分変換が存在する。ここで、(2.8) 式を $f(t)$ のラプラス変換、(2.9) 式を $F(s)$ のラプラス逆変換と呼び、それぞれ

$$F(s) = \mathcal{L}[f(t)], \quad f(t) = \mathcal{L}^{-1}[F(s)]$$

と書く。 ■

〔例題 **2.1**〕 つぎの関数のラプラス変換を求めよ。

(1) 単位ステップ関数[2.1)]

$$u_H(t) = \begin{cases} 1 & (t \geq 0) \\ 0 & (t < 0) \end{cases} \tag{2.10}$$

(2) ディラックのデルタ関数

$$\delta(t) = \begin{cases} \infty & (t = 0) \\ 0 & (t \neq 0) \end{cases}, \quad \int_{-\infty}^{\infty} \delta(t) dt = 1 \tag{2.11}$$

(3) $f(t) = e^{-at}$,　(4) $f(t) = \sin \omega t$,　(5) $f(t) = t^n$

ただし、a, ω は定数、n は正整数とする。

〔解答〕

(1) 単位ステップ関数

定義より

$$\mathcal{L}[u_H(t)] = \int_0^{\infty} e^{-st} dt = \left[-\frac{1}{s} e^{-st} \right]_0^{\infty} = \frac{1}{s}$$

となる。ここで、s の定義より、$\lim_{t \to \infty} e^{-st} = 0$ を用いた。

(2) ディラックのデルタ関数

この関数は数学的には超関数の理論に基づき定義されるが、本書では工学的な理解が容易な (2.11) 式を用いる。また、工学分野では単位インパルス関数と呼ばれることが多い。以後は単位インパルス関数と称する。

(2.11) 式は容易に

$$\delta_\epsilon(t) = \begin{cases} \frac{1}{\epsilon} & (-\frac{\epsilon}{2} \leq t \leq \frac{\epsilon}{2}) \\ 0 & (|t| > \frac{\epsilon}{2}) \end{cases}$$

2.1) 数学ではヘビサイドの階段関数と呼ぶ

の極限 ($\lim_{\epsilon \to 0} \delta_\epsilon(t)$) と考えることができる。このとき、任意の関数 $f(t)$ に対して

$$\int_{-\infty}^{\infty} f(t)\delta(t)dt = \lim_{\epsilon \to 0} \int_{-\infty}^{\infty} f(t)\delta_\epsilon(t)dt$$
$$= \lim_{\epsilon \to 0} \frac{1}{\epsilon} \int_{-\frac{\epsilon}{2}}^{\frac{\epsilon}{2}} f(t)dt = f(0) \tag{2.12}$$

となる。これをラプラス変換の積分区間内で考えるために $p > 0$ を用いて、$\delta(t)$ を p 時刻だけ遅らせた関数 $\delta(t-p)$ を考えると

$$\int_{-\infty}^{\infty} f(t)\delta(t-p)dt = \int_{0}^{\infty} f(p)\delta(t-p)dt = f(p)$$

となる。これより、単位インパルス関数のラプラス変換は

$$\mathcal{L}[\delta(t)] = \lim_{p \to 0} \int_{0}^{\infty} \delta(t-p)e^{-st}dt = \lim_{p \to 0} e^{-sp} = 1$$

となる。

(3) 定義より

$$\mathcal{L}[e^{-at}] = \int_{0}^{\infty} e^{-at}e^{-st}dt = \int_{0}^{\infty} e^{-(s+a)t}dt = \frac{1}{s+a}$$

となる。ここで、$s = c + j\omega$ より、任意の a に対して、$c + a > 0$ となるように c を自由にとれることから、$\lim_{t \to \infty} e^{-(s+a)t} = 0$ となることを用いた。

(4) オイラーの公式より

$$\mathcal{L}[\sin \omega t] = \frac{1}{2j}\mathcal{L}[e^{j\omega t} - e^{-j\omega t}]$$

であるから、上記 (3) とラプラス変換の線形性を用いる。すなわち、a, b を定数として $k(t) = af(t) + bg(t)$ とおくと

$$\mathcal{L}[k(t)] = \int_{0}^{\infty} \{af(t) + bg(t)\}e^{-st}dt = a\int_{0}^{\infty} f(t)e^{-st}dt$$

$$+b\int_0^{\infty} g(t)e^{-st}dt = aF(s) + bG(s)$$

であるから

$$\mathcal{L}[\sin\omega t] = \frac{1}{2j}\left\{\frac{1}{s-j\omega} - \frac{1}{s+j\omega}\right\} = \frac{\omega}{s^2+\omega^2}$$

となる。

(5) 定義より

$$\mathcal{L}[t^n] = \int_0^{\infty} t^n e^{-st}dt = \left[-\frac{1}{s}t^n e^{-st}\right]_0^{\infty} + \frac{n}{s}\int_0^{\infty} t^{n-1}e^{-st}dt$$

である。ここで、$\lim_{t\to\infty} t^n e^{-st} = 0$ となることから第 1 項は 0 となる。第 2 項の積分は $\mathcal{L}[t^{n-1}]$ であるから

$$\mathcal{L}[t^n] = \frac{n}{s}\mathcal{L}[t^{n-1}]$$

である。同様に

$$\mathcal{L}[t^{n-1}] = \frac{n-1}{s}\mathcal{L}[t^{n-2}]$$

であるから、最終的に

$$\mathcal{L}[t] = \int_0^{\infty} te^{-st}dt = \left[-\frac{1}{s}te^{-st}\right]_0^{\infty} + \frac{1}{s}\int_0^{\infty} e^{-st}dt = \frac{1}{s^2}$$

より

$$\mathcal{L}[t^n] = \frac{n!}{s^{n+1}}$$

を得る。

（注意）定義 2.1 の (2.7) 式より、ラプラス変換可能な関数 $f(t)$ に対して $\lim_{t\to\infty} f(t)e^{-\sigma t} = 0$ となる σ が存在する。このため、s の定義（$s = c + j\omega$）において $c > \sigma$ とすれば、$\lim_{t\to\infty} f(t)e^{-st} = 0$ である。つまり、ラプラス変

表 **2.1** 代表的な関数のラプラス変換

$f(t)$	$F(s)$
$\delta(t)$	1
$u_H(t)$	$\frac{1}{s}$
e^{at}	$\frac{1}{s+a}$
$\sin\omega t$	$\frac{\omega}{s^2+\omega^2}$
$\cos\omega t$	$\frac{s}{s^2+\omega^2}$
t^n	$\frac{n!}{s^{n+1}}$
$e^{-at}\sin\omega t$	$\frac{\omega}{(s+a)^2+\omega^2}$
$e^{-at}\cos\omega t$	$\frac{s+a}{(s+a)^2+\omega^2}$
$e^{-at}t^n$	$\frac{n!}{(s+a)^{n+1}}$

換の計算において、(2.7) 式が満たされるとき、s は常に積分 (2.8) 式が収束するように選ばれている。

表 2.1 によく用いられる関数のラプラス変換をまとめる。

2.2 ラプラス変換の性質

ラプラス変換を応用するうえでいくつかの重要な性質について述べる。以下の議論で、すべての時間関数 $f(t)$ は $t \geq 0$ で定義されるものとする。すなわち、$t < 0$ では $f(t) = 0$ とする。

(1) 時間領域での推移定理

$a > 0$ に対して、時刻 a だけ遅れた関数 $f(t-a)$ のラプラス変換は

$$\mathcal{L}[f(t-a)] = e^{-sa}F(s) \tag{2.13}$$

証明. 定義より

$$\mathcal{L}[f(t-a)] = \int_0^{\infty} f(t-a)e^{-st}dt = \int_{-a}^{\infty} f(\tau)e^{-s(\tau+a)}d\tau$$

$$= e^{-as} \int_{-a}^{\infty} f(\tau) e^{-s\tau} d\tau = e^{-sa} F(s)$$

となる。ここで、変数変換 $t - a = \tau$ および $f(\tau) = 0 \ (\tau < 0)$ を用いた。

■

(2) s 領域での推移定理

$$\mathcal{L}[e^{at} f(t)] = F(s-a) \tag{2.14}$$

証明. 定義より

$$\mathcal{L}[e^{at} f(t)] = \int_0^{\infty} f(t) e^{-(s-a)t} dt = F(s-a)$$

となる。 ■

(3) 時間領域での微分公式

$$\mathcal{L}\left[\frac{df(t)}{dt}\right] = sF(s) - f(0) \tag{2.15}$$

証明. 定義より

$$\begin{aligned}\mathcal{L}\left[\frac{df(t)}{dt}\right] &= \int_0^{\infty} \frac{df(t)}{dt} e^{-st} dt = \left[e^{-st} f(t)\right]_0^{\infty} + s \int_0^{\infty} f(t) e^{-st} dt \\ &= sF(s) - f(0)\end{aligned}$$

となる。繰り返し計算により、容易につぎの公式を得る。

$$\mathcal{L}\left[\frac{d^n f(t)}{dt^n}\right] = s^n F(s) - \sum_{k=1}^{n} s^{n-k} f^{(k-1)}(0) \tag{2.16}$$

ただし

$$f^{(k)}(t) = \frac{d^k f(t)}{dt^k}$$

とした。以後、高階の微分記号として、この表現を用いる。 ■

(4) 時間領域での積分公式

$$\mathcal{L}\left[\int_0^t f(\tau)d\tau\right] = \frac{F(s)}{s} \tag{2.17}$$

証明. 定義より

$$\begin{aligned}
\mathcal{L}\left[\int_0^t f(\tau)d\tau\right] &= \int_0^\infty \left\{\int_0^t f(\tau)d\tau\right\} e^{-st}dt \\
&= \int_0^\infty \left\{\int_0^t f(\tau)d\tau\right\} \left\{\frac{d}{dt}\left(\frac{-e^{-st}}{s}\right)\right\} dt \\
&= \left[-\frac{e^{-st}}{s}\left\{\int_0^t f(\tau)d\tau\right\}\right]_0^\infty + \frac{1}{s}\int_0^\infty f(t)e^{-st}dt \\
&= \frac{1}{s}\lim_{t\to 0}\int_0^t f(\tau)d\tau + \frac{F(s)}{s}
\end{aligned}$$

となる。ここで、第 1 項の極限は 0 であるため、(2.17) 式を得る。 ■

(5) 初期値定理

$$f(0) = \lim_{s\to\infty} sF(s) \tag{2.18}$$

証明. $\lim_{s\to\infty} e^{-st} = 0$ であるから

$$\lim_{s\to\infty}\left\{\int_0^\infty \frac{df(t)}{dt}e^{-st}dt\right\} = 0 \tag{2.19}$$

となる。一方

$$\lim_{s\to\infty}\left\{\int_0^\infty \frac{df(t)}{dt}e^{-st}dt\right\} = \lim_{s\to\infty}\{sF(s) - f(0)\}$$

であるから、(2.19) 式は

$$\lim_{s\to\infty}\{sF(s)-f(0)\}=0$$

とかける。これは、(2.18) 式を示す。 ■

(6) 最終値定理

$$\lim_{t\to\infty}f(t)=\lim_{s\to 0}sF(s) \tag{2.20}$$

証明. $\lim_{s\to 0}e^{-st}=1$ であるから

$$\lim_{s\to 0}\left\{\int_0^\infty \frac{df(t)}{dt}e^{-st}dt\right\}=\lim_{t\to\infty}f(t)-f(0) \tag{2.21}$$

となる。一方

$$\lim_{s\to 0}\left\{\int_0^\infty \frac{df(t)}{dt}e^{-st}dt\right\}=\lim_{s\to 0}\{sF(s)-f(0)\}$$

であるから、(2.21) 式は

$$\lim_{s\to 0}\{sF(s)-f(0)\}=\lim_{t\to\infty}f(t)-f(0)$$

とかける。両辺の $f(0)$ を相殺すれば、(2.20) 式が示される。 ■

〔例題 **2.2**〕　つぎの関数の $t\to\infty$ での極限を求めよ。

$$f(t)=\frac{t^n}{e^t}$$

〔解答〕$f(t)$ のラプラス変換は

$$F(s)=\frac{n!}{(s+1)^{n+1}}$$

であるから、最終値定理より

$$\lim_{t\to\infty}f(t)=\lim_{s\to 0}s\frac{n!}{(s+1)^{n+1}}=0$$

となる。

(7) s 領域での微分公式

$$\mathcal{L}[tf(t)] = (-1)\frac{d}{ds}F(s), \quad \mathcal{L}[t^n f(t)] = (-1)^n \frac{d^n F(s)}{ds^n} \tag{2.22}$$

証明. 定義より

$$\begin{aligned}\mathcal{L}[tf(t)] &= \int_0^\infty (e^{-st}t)f(t)dt = \int_0^\infty \left\{-\frac{d}{ds}(e^{-st})\right\} f(t)dt \\ &= -\frac{d}{ds}\int_0^\infty e^{-st}f(t)dt = (-1)\frac{d}{ds}F(s)\end{aligned}$$

となる。$\mathcal{L}[t^n f(t)]$ については上記の計算を繰り返せばよい。 ■

〔例題 **2.3**〕 つぎの関数のラプラス変換を求めよ。

$$f(t) = \int_0^t \tau \sin\omega\tau d\tau$$

〔解答〕公式 (2.17)

$$\mathcal{L}\left[\int_0^t y(\tau)d\tau\right] = \frac{Y(s)}{s}$$

を用いると

$$\mathcal{L}\left[f(t)\right] = \frac{1}{s}\int_0^\infty t\sin\omega t e^{-st}dt$$

となる。さらに

$$\mathcal{L}\left[ty(t)\right] = -\frac{d}{ds}Y(s)$$

を用いることにより、$f(t)$ のラプラス変換は以下のようになる。

$$\begin{aligned}\mathcal{L}\left[f(t)\right] &= -\frac{1}{s}\frac{d}{ds}\int_0^\infty \sin\omega t e^{-st}dt = -\frac{1}{s}\frac{d}{ds}\left(\frac{\omega}{s^2+\omega^2}\right) \\ &= \frac{2\omega}{(s^2+\omega^2)^2}\end{aligned}$$

(8) s 領域での積分公式

$$\mathcal{L}[\frac{f(t)}{t}] = \int_s^\infty F(p)dp \tag{2.23}$$

証明. 右辺を積分すると、以下の証明を得る。

$$\begin{aligned}
\int_s^\infty F(p)dp &= \int_s^\infty \left\{ \int_0^\infty f(t)e^{-pt}dt \right\} dp \\
&= \int_0^\infty (\int_s^\infty e^{-pt}dp) f(t)dt = \int_0^\infty -\frac{e^{-pt}}{t}|_s^\infty f(t)dt \\
&= \int_0^\infty \frac{f(t)}{t} e^{-st} dt
\end{aligned}$$

■

〔例題 **2.4**〕 ラプラス変換を用いて、つぎの積分を求めよ。

$$\int_{-\infty}^\infty \frac{\sin\left(\frac{t}{\epsilon}\right)}{\pi t} dt \qquad (\epsilon > 0)$$

〔解答〕 $t = \epsilon\tau$ とおけば

$$\int_{-\infty}^\infty \frac{\sin\left(\frac{t}{\epsilon}\right)}{\pi t} dt = \frac{1}{\pi} \int_{-\infty}^\infty \frac{\sin\tau}{\tau} d\tau = \frac{2}{\pi} \int_0^\infty \frac{\sin\tau}{\tau} d\tau$$

であるから

$$\lim_{t\to\infty} \int_0^t \frac{\sin\tau}{\tau} d\tau$$

を求めればよい。

$$\frac{\sin t}{t}$$

のラプラス変換は

$$\mathcal{L}\left[\frac{\sin t}{t}\right] = \int_s^\infty \frac{1}{\sigma^2+1} d\sigma = \left[\tan^{-1}\sigma\right]_s^\infty = \frac{\pi}{2} - \tan^{-1} s$$

であるから

$$f(t) = \int_0^t \frac{\sin\tau}{\tau} d\tau$$

とおけば

$$F(s) = \frac{1}{s}\left(\frac{\pi}{2} - \tan^{-1} s\right)$$

となる。これより

$$\lim_{t \to \infty} \int_0^t \frac{\sin \tau}{\tau} d\tau = \lim_{s \to 0} sF(s) = \lim_{s \to 0}\left(\frac{\pi}{2} - \tan^{-1} s\right) = \frac{\pi}{2}$$

を得る。したがって、求める積分は

$$\int_{-\infty}^{\infty} \frac{\sin\left(\frac{t}{\epsilon}\right)}{\pi t} dt = \frac{2}{\pi}\frac{\pi}{2} = 1$$

となる。

(9) 周期関数

$f(t)$ が周期 T の周期関数、$f(t+T) = f(t)$ のとき、そのラプラス変換は

$$\mathcal{L}[f(t)] = \frac{1}{1 - e^{-Ts}} \int_0^T e^{-st} f(t) dt \tag{2.24}$$

で与えられる。

証明. 定義より

$$\begin{aligned}\mathcal{L}[f(t)] &= \int_0^{\infty} e^{-st} f(t) dt = \int_0^T e^{-st} f(t) dt + \int_T^{2T} e^{-st} f(t) dt + ... \\ &+ \int_{nT}^{(n+1)T} e^{-st} f(t) dt + ...\end{aligned}$$

となる。ここで

$$\begin{aligned}\int_{nT}^{(n+1)T} e^{-st} f(t) dt &= \int_0^T e^{-s(\tau + nT)} f(\tau + nT) d\tau \\ &= e^{-nTs} \int_0^T e^{-s\tau} f(\tau) d\tau\end{aligned}$$

であるから

$$\mathcal{L}[f(t)] = (1 + e^{-sT} + e^{-2sT} + ...) \int_0^T e^{-st} f(t) dt$$

$$= \frac{1}{1-e^{-Ts}}\int_0^T e^{-st}f(t)dt$$

となる。■

〔例題 **2.5**〕 つぎの関数をラプラス変換せよ。

$$f(t) = \begin{cases} t & (0 \le t \le a) \\ 2a-t & (a \le t \le 2a) \end{cases}, \quad f(t+2a) = f(t)$$

〔解答〕周期 $2a$ の周期関数であるから

$$\begin{aligned}
\mathcal{L}[f(t)] &= \frac{1}{1-e^{-2as}}\int_0^{2a} f(t)e^{-st}dt = \frac{1}{1-e^{-2as}}\left\{\int_0^a e^{-st}tdt \right. \\
&\quad \left. + \int_a^{2a} e^{-st}(2a-t)dt\right\} \\
&= \frac{1}{1-e^{-2as}}\left\{-\frac{a}{s}e^{-as} - \frac{1}{s^2}e^{-as} + \frac{1}{s^2} - \frac{2a}{s}e^{-2as} \right. \\
&\quad \left. + \frac{2a}{s}e^{-as} + \frac{2a}{s}e^{-2as} - \frac{a}{s}e^{-as} + \frac{1}{s^2}e^{-2as} - \frac{1}{s^2}e^{-as}\right\} \\
&= \frac{1}{1-e^{-2as}}\frac{1}{s^2}\left(1-2e^{-as}+e^{-2as}\right) = \frac{1}{s^2}\frac{(1-e^{-as})^2}{1-e^{-2as}} \\
&= \frac{1}{s^2}\frac{1-e^{-as}}{1+e^{-as}} = \frac{1}{s^2}\tanh\frac{as}{2}
\end{aligned}$$

となる。

(10) たたみ込み積分

たたみ込み積分は、制御工学においてしばしば現われる二つの関数の積分演算であり、以下で定義される。

定義 2.2　$t \ge 0$ で定義された二つの関数 $f(t)$、$g(t)$ に対して、積分

$$f*g(t) = \int_0^t f(t-\tau)g(\tau)d\tau \tag{2.25}$$

が存在するとき、$f*g(t)$ を $f(t)$ と $g(t)$ のたたみ込み積分（あるいは合成積）と呼ぶ。■

たたみ込み積分には以下の性質がある。

(a) $f * g(t) = g * f(t)$ (交換則)

(b) $f * (g + h)(t) = f * g(t) + f * h(t)$ (分配則)

(c) $(f * g) * h(t) = f * (g * h)(t)$ (結合則)

定理 2.1 たたみ込み積分 $f * g(t)$ のラプラス変換は

$$\mathcal{L}[f * g(t)] = F(s)G(s) \tag{2.26}$$

で与えられる。ただし、$F(s) = \mathcal{L}[f(t)], G(s) = \mathcal{L}[g(t)]$ である。

証明. まず、たたみ込み積分を書き直すと

$$\begin{aligned} f * g(t) &= \int_0^t f(t-\tau)g(\tau)d\tau = \int_0^t f(t-\tau)g(\tau)\cdot 1d\tau \\ &\quad + \int_t^\infty f(t-\tau)g(\tau)\cdot 0d\tau \\ &= \int_0^\infty f(t-\tau)g(\tau)u_H(t-\tau)d\tau \end{aligned} \tag{2.27}$$

となる。(2.27) 式では、単位ステップ関数の性質 $u_H(t-\tau) = 0\ (t < \tau)$ を用いた。定義より

$$\begin{aligned} \mathcal{L}[f * g(t)] &= \int_0^\infty \left\{ \int_0^\infty f(t-\tau)g(\tau)u_H(t-\tau)d\tau \right\} e^{-st}dt \\ &= \int_0^\infty g(\tau) \left\{ \int_0^\infty f(t-\tau)u_H(t-\tau)e^{-st}dt \right\} d\tau \end{aligned} \tag{2.28}$$

となる。ここで、t に関する積分を $t - \tau = \lambda$ を用いて変換すれば、(2.28) 式のカッコ { } 内の積分は

$$\begin{aligned} \int_{-\tau}^\infty f(\lambda)u_H(\lambda)e^{-s(\lambda+\tau)}d\lambda &= \int_0^\infty f(\lambda)e^{-s\lambda}d\lambda e^{-s\tau} \\ &= F(s)e^{-s\tau} \end{aligned}$$

となる。したがって、(2.28) 式は

$$
\begin{aligned}
\mathcal{L}[f * g(t)] &= F(s)\int_0^\infty g(\tau)e^{-s\tau}d\tau \\
&= F(s)G(s) \qquad (2.29)
\end{aligned}
$$

となる。■

2.3　ラプラス逆変換

(2.9) 式に示すように、ラプラス逆変換は複素積分によって定義されている。しかし、応用上しばしば現れるラプラス変換 $F(s)$ は有理関数で記述される。そこで、本書では有理関数で記述された $F(s)$ のラプラス逆変換を複素積分を用いることなく、部分分数展開によって計算する方法を示す。

$F(s)$ を $t \geq 0$ で定義された関数 $f(t)$ のラプラス変換としたとき、$F(s)$ は $n > m$ とする以下の有理関数で記述されるとする。

$$
F(s) = \frac{b_m s^m + b_{m-1}s^{m-1} + \cdots + b_1 s + b_0}{s^n + a_{n-1}s^{n-1} + \cdots + a_1 s + a_0} \qquad (2.30)
$$

ここで、$F(s)$ の分母多項式 $= 0$ の解を $p_1, p_2, \cdots, p_n$ として、解に重複がない場合と重複がある場合の 2 つの場合について考える。

(a) 重複がない場合

$$
F(s) = \frac{c_1}{s-p_1} + \frac{c_2}{s-p_2} + \cdots + \frac{c_n}{s-p_n} \qquad (2.31)
$$

と部分分数展開可能である。ここで

$$
c_i = \lim_{s \to p_i}(s-p_i)F(s) \qquad (2.32)
$$

である。(2.31) 式のラプラス逆変換は、ラプラス変換の線形性と表 2.1 より、以下のように求めることができる。

$$
f(t) = \mathcal{L}^{-1}[F(s)] = c_1 e^{p_1 t} + c_2 e^{p_2 t} + \cdots + c_n e^{p_n t}
$$

となる。以下の例題を用いて (2.32) 式を確認する。

〔例題 **2.6**〕 つぎの関数をラプラス逆変換を求めよ。

$$F(s) = \frac{1}{(s+1)(s+2)(s+3)}$$

〔解答〕 $p_1 = -1, p_2 = -2, p_3 = -3$ であるから

$$\frac{1}{(s+1)(s+2)(s+3)} = \frac{c_1}{s+1} + \frac{c_1}{s+2} + \frac{c_1}{s+3}$$

と展開できる。ここで、両辺に $(s+1)$ をかけると

$$\frac{1}{(s+2)(s+3)} = c_1 + \frac{c_1}{s+2}(s+1) + \frac{c_1}{s+3}(s+1)$$

となる。また、両辺に $\lim_{s\to-1}$ をとると、右辺は c_1 のみが残ることから

$$c_1 = \lim_{s\to-1} \frac{1}{(s+2)(s+3)} = \frac{1}{2}$$

を得る。これは、(2.32) 式を示している。同様に

$$\begin{aligned} c_2 &= \lim_{s\to-2} \frac{1}{(s+1)(s+3)} = -1 \\ c_3 &= \lim_{s\to-3} \frac{1}{(s+1)(s+2)} = \frac{1}{2} \end{aligned}$$

を得る。これより

$$f(t) = \frac{1}{2}e^{-t} - e^{-2t} + \frac{1}{2}e^{-3t} \quad (t \geq 0)$$

(b) 重複がある場合

p_1 が m 重解であり、他の解はすべて重複しない場合を考える。このとき $F(s)$ は

$$\begin{aligned} F(s) = & \frac{c_{11}}{(s-p_1)^m} + \frac{c_{12}}{(s-p_1)^{m-1}} + \cdots + \frac{c_{1j}}{(s-p_1)^{m-j+1}} + \cdots \\ & + \frac{c_{1m-1}}{(s-p_1)^2} + \frac{c_{1m}}{s-p_1} \end{aligned}$$

$$+\frac{c_2}{s-p_2}+\frac{c_3}{s-p_3}+\cdots+\frac{c_{n-m+1}}{s-p_{n-m+1}} \tag{2.33}$$

と部分分数展開可能である。ここで

$$c_{1j}=\frac{1}{(j-1)!}\lim_{s\to p_1}\left[\frac{d^{j-1}}{ds^{j-1}}\left\{(s-p_1)^m F(s)\right\}\right] \quad (j=1,\cdots,m) \tag{2.34}$$

である。したがって、(2.33) 式のラプラス逆変換は、ラプラス変換の線形性と表 2.1 より、以下のように求めることができる。

$$\begin{aligned} f(t) = &\left\{\frac{c_{11}}{(m-1)!}t^{m-1}+\frac{c_{12}}{(m-2)!}t^{m-2}+\cdots\right. \\ &\left.+\frac{c_{1j}}{(m-j)!}t^{m-j}+\cdots+\frac{c_{1m-1}}{1!}t+c_{1m}\right\}e^{p_1 t} \\ &+c_2e^{p_2 t}+c_3e^{p_3 t}+\cdots+c_{n-m+1}e^{p_{n-m+1}t} \end{aligned} \tag{2.35}$$

（注意）$p_i \ (i=2,3,\cdots)$ に重解がある場合も同様に考えることができる。

以下の例題を用いて (2.34) 式を確認する。

〔例題 **2.7**〕 つぎの関数のラプラス逆変換を求めよ。

$$F(s)=\frac{1}{(s+1)^3(s-1)}$$

〔解答〕この場合、$p_1=-1, p_2=1, n=4, m=3$ である。$F(s)$ の部分分数展開を

$$\frac{1}{(s-1)(s+1)^3}=\frac{c_{11}}{(s+1)^3}+\frac{c_{12}}{(s+1)^2}+\frac{c_{13}}{s+1}+\frac{c_2}{s-1} \tag{2.36}$$

とおく。この (2.36) 式の両辺に $(s+1)^3$ をかけると

$$\frac{1}{(s-1)}=c_{11}+c_{12}(s+1)+c_{13}(s+1)^2+\frac{c_2(s+1)^3}{s-1} \tag{2.37}$$

となる。ここで、(2.37) 式の両辺に $\lim_{s\to -1}$ をとると、右辺は c_{11} のみが残るため

$$c_{11} = \lim_{s \to -1} (s+1)^3 F(s) = \lim_{s \to -1} \frac{1}{s-1} = -\frac{1}{2}$$

となる。(2.37) 式の両辺を微分すれば

$$\frac{d}{ds}\left(\frac{1}{s-1}\right) = c_{12} + 2c_{13}(s+1) + \frac{d}{ds}\left\{\frac{c_2(s+1)^3}{s-1}\right\} \tag{2.38}$$

を得る。(2.38) 式の両辺に $\lim_{s \to -1}$ をとると、右辺は c_{12} のみが残るため

$$c_{12} = \lim_{s \to -1} \frac{d}{ds}\left(\frac{1}{s-1}\right) = -\frac{1}{4}$$

となる。さらに、(2.38) 式の両辺を微分すれば

$$\frac{d^2}{ds^2}\left(\frac{1}{s-1}\right) = 2c_{13} + \frac{d^2}{ds^2}\left\{\frac{c_2(s+1)^3}{s-1}\right\} \tag{2.39}$$

を得る。(2.39) 式の両辺に $\lim_{s \to -1}$ をとると、右辺は c_{13} のみが残るため

$$c_{13} = \lim_{s \to -1} \frac{1}{2!}\frac{d^2}{ds^2}\left(\frac{1}{s-1}\right) = -\frac{1}{8}$$

となる。これより、(2.34) 式が示された。c_2 は (2.32) 式より

$$c_2 = \lim_{s \to 1} (s-1)F(s) = \frac{1}{8}$$

となる。したがって、$F(s)$ のラプラス逆変換は

$$\begin{aligned} f(t) &= \mathcal{L}^{-1}\left\{\frac{1}{(s-1)(s+1)^3}\right\} \\ &= -\frac{1}{2}\mathcal{L}^{-1}\left\{\frac{1}{(s+1)^3}\right\} - \frac{1}{4}\mathcal{L}^{-1}\left\{\frac{1}{(s+1)^2}\right\} \\ &\quad -\frac{1}{8}\mathcal{L}^{-1}\left\{\frac{1}{(s+1)}\right\} + \frac{1}{8}\mathcal{L}^{-1}\left\{\frac{1}{(s-1)}\right\} \\ &= \frac{1}{8}e^t - \frac{1}{8}e^{-t}(1+2t+2t^2) \end{aligned}$$

で与えられる。

(c) 複素解がある場合

$p_1, \cdots, p_n$ に複素解が現われる場合も、上記 (a), (b) のいずれかを用いてラプラス逆変換可能であるが、計算が煩雑になる場合が多い。このような場合、複素解とその共役解が必ず存在するため、その部分分数を

$$\frac{b_1 s + b_0}{s^2 + a_1 s + a_0}$$

として、$e^{\alpha t} \sin \omega t, e^{\alpha t} \cos \omega t$ へ帰着させる方法が便利である。これを、以下の例で示す。

〔例題 **2.8**〕 つぎの関数のラプラス逆変換を求めよ。

$$F(s) = \frac{s}{(s^2 + 2s + 2)(s^2 + 1)}$$

〔解答〕 $p_{1,2} = -1 \pm j$ と $p_{3,4} = \pm j$ である。$F(s)$ をつぎのように部分分数展開する。

$$\begin{aligned} \frac{s}{(s^2 + 2s + 2)(s^2 + 1)} &= \frac{1}{5} \frac{s + 2}{s^2 + 1} - \frac{1}{5} \frac{s + 4}{s^2 + 2s + 2} \\ &= \frac{1}{5} \frac{s}{s^2 + 1} + \frac{2}{5} \frac{1}{s^2 + 1} - \frac{1}{5} \frac{s + 1}{(s + 1)^2 + 1} \\ &\quad - \frac{3}{5} \frac{1}{(s + 1)^2 + 1} \end{aligned}$$

ここで、表 2.1 より、以下のように求めることができる。

$$f(t) = \frac{1}{5} \cos t + \frac{2}{5} \sin t - \frac{1}{5} e^{-t} \cos t - \frac{3}{5} e^{-t} \sin t$$

2.4　常微分方程式の解法

n 階常微分方程式において、係数 $a_0, \cdots, a_{n-1}$ を定数とする方程式を考える。ここで、常微分方程式

$$\frac{d^n y(t)}{dt^n} + a_{n-1} \frac{d^{n-1} y(t)}{dt^{n-1}} + \cdots + a_1 \frac{dy(t)}{dt} + a_0 y(t) = f(t) \qquad (2.40)$$

の初期条件を

$$y(0) = y_0,\ y^{(1)}(0) = y_0^{(1)}, \cdots, y^{(n-1)}(0) = y_0^{(n-1)} \tag{2.41}$$

としたとき、ラプラス変換を用いて、(2.40) 式の一般解を求める。

まず、$\mathcal{L}[y(t)] = Y(s), \mathcal{L}[f(t)] = F(s)$ として (2.40) 式の両辺をラプラス変換する。(2.15) 式より

$$\mathcal{L}\left[\frac{d^n y(t)}{dt^n}\right] = s^n Y(s) - s^{n-1}y(0) - s^{n-2}y^{(1)}(0) - \cdots - sy^{(n-2)}(0) - y^{(n-1)}(0)$$

であるから、(2.40) 式のラプラス変換は

$$P(s) = s^n + a_{n-1}s^{n-1} + \cdots + a_1 s + a_0$$

とおくと

$$P(s)Y(s) = Q(s) + F(s)$$

の形で得られる。ここで、$Q(s)$ は初期条件 (2.41) 式で定まる高々 $n-1$ 次の多項式である。これより

$$Y(s) = \frac{Q(s)}{P(s)} + \frac{F(s)}{P(s)}$$

となり、両辺をラプラス逆変換することで (2.40) 式の一般解 $y(t)$ を得る。

〔例題 **2.9**〕つぎの二階の常微分方程式の解を求めよ。

$$\frac{d^2y(t)}{dt^2} + 3\frac{dy(t)}{dt} + 2y(t) = \cos 2t, \quad y(0) = 0,\ y^{(1)}(0) = -1$$

〔解答〕両辺をラプラス変換すれば

$$s^2Y(s) - sy(0) - y^{(1)}(0) + 3sY(s) - 3y(0) + 2Y(s) = \frac{s}{s^2+4}$$

となる。初期条件を用いて整理し、$Y(s)$ について解くと

$$Y(s) = \frac{-s^2+s-4}{(s^2+4)(s^2+3s+2)} = -\frac{6}{5}\frac{1}{s+1} + \frac{5}{4}\frac{1}{s+2}$$

$$-\frac{1}{20}\frac{s}{s^2+2^2}+\frac{3}{20}\frac{2}{s^2+2^2}$$

を得る。これは、容易にラプラス逆変換でき、つぎの解を得る。

$$y(t)=\frac{5}{4}e^{-2t}-\frac{6}{5}e^{-t}+\frac{3}{20}\sin 2t-\frac{1}{20}\cos 2t$$

上記の定数係数常微分方程式以外に、連立常微分方程式や変係数常微分方程式も同様に解くことができる[3)]。

〔例題 **2.10**〕つぎの連立常微分方程式の解を求めよ。

$$\frac{dx(t)}{dt}-\frac{dy(t)}{dt}-2x(t)+2y(t)=2t$$

$$\frac{d^2x(t)}{dt^2}+2\frac{dy(t)}{dt}+x(t)=0$$

$$x(0)=x^{(1)}(0)=y(0)=0$$

〔解答〕両辺にラプラス変換を施すと

$$sX(s)-sY(s)-2X(s)+2Y(s)=\frac{2}{s^2}$$
$$s^2X(s)+2sY(s)+X(s)=0$$

となる。ここで、$X(s), Y(s)$ について整理すれば

$$\begin{bmatrix} s-2 & -s+2 \\ s^2+1 & 2s \end{bmatrix}\begin{bmatrix} X(s) \\ Y(s) \end{bmatrix}=\begin{bmatrix} \frac{2}{s^2} \\ 0 \end{bmatrix}$$

となる。ここで

$$\begin{bmatrix} s-2 & -s+2 \\ s^2+1 & 2s \end{bmatrix}^{-1}=\frac{1}{(s-2)(s+1)^2}\begin{bmatrix} 3s & s-2 \\ -s^2-1 & s-2 \end{bmatrix}$$

であるから、$X(s), Y(s)$ について解けば

$$X(s)=\frac{4}{s(s-2)(s+1)^2}$$

$$= -\frac{2}{s} + \frac{2}{9}\frac{1}{s-2} + \frac{16}{9}\frac{1}{s+1} + \frac{4}{3}\frac{1}{(s+1)^2}$$

$$Y(s) = -\frac{2(s^2+1)}{s^2(s-2)(s+1)^2}$$

$$= -\frac{3}{2}\frac{1}{s} + \frac{1}{s^2} - \frac{5}{18}\frac{1}{s-2} + \frac{16}{9}\frac{1}{s+1} + \frac{4}{3}\frac{1}{(s+1)^2}$$

を得る。ラプラス逆変換より

$$x(t) = -2 + \frac{2}{9}e^{2t} + \frac{16}{9}e^{-t} + \frac{4}{3}te^{-t}$$

$$y(t) = -\frac{3}{2} + t - \frac{5}{18}e^{2t} + \frac{16}{9}e^{-t} + \frac{4}{3}te^{-t}$$

となる。

〔例題 **2.11**〕つぎの変係数常微分方程式の解を求めよ。

$$\frac{d^2y(t)}{dt^2} + t\frac{dy(t)}{dt} - 2y(t) = 1, \quad y(0) = 0, y^{(1)}(0) = 0$$

〔解答〕両辺にラプラス変換を施すと

$$s^2Y(s) - \frac{d}{ds}sY(s) - 2Y(s) = \frac{1}{s}$$

であるから、両辺を $-s$ で割って整理すれば

$$\frac{dY(s)}{ds} - \left(s - \frac{3}{s}\right)Y(s) = -\frac{1}{s^2}$$

を得る。ここで、$Y(s)$ について解くと

$$Y(s) = e^{\int\left(s-\frac{3}{s}\right)ds}\left\{\int e^{-\int\left(s-\frac{3}{s}\right)ds}\left(-\frac{1}{s^2}\right)ds + c\right\}$$

$$= \frac{e^{\frac{s^2}{2}}}{s^3}\left(e^{-\frac{s^2}{2}} + c\right) = \frac{1}{s^3} + \frac{ce^{\frac{s^2}{2}}}{s^3}.$$

となる。$y(0) = 0$ であるから、初期値定理 $y(0) = \lim_{s\to\infty} sY(s) = 0$ より

$$\lim_{s\to\infty} sY(s) = \lim_{s\to\infty} \frac{1}{s^2} + \frac{ce^{\frac{s^2}{2}}}{s^2} = 0$$

を満たすように c を選ぶと $c=0$ となる。これより

$$Y(s)=\frac{1}{s^3}$$

となるから、解は

$$y(t)=\frac{t^2}{2}$$

となる。

2.5　練習問題

1. つぎの関数のラプラス変換を求めよ。

$$(1)\ \ (t^2-2t-1)e^{2t}\ \ (2)\ e^{-2t}\sinh t\ \ (3)\ \frac{1-\cos at}{t}$$
$$(4)\ \ (t-a)^n u_H(t-a)\ \ (5)\frac{d\sin(\omega t+\theta)}{dt}$$

2. つぎの周期関数のラプラス変換を求めよ。

$$f(t)=\begin{cases}1 & (2nT<t<(2n+1)T)\\ 0 & ((2n+1)T<t<(2n+2)T)\end{cases}\quad (n=0,1,2,3,...)$$

3. つぎの関数のラプラス逆変換を求めよ。

$$(1)\ \ \frac{2}{s(s+1)^3}\ \ (2)\ \frac{s^3+5}{s^3(s+1)}\ \ (3)\ \frac{1}{s(s^2+2s+2)}\ \ (4)\ -\frac{s^2-6s+7}{(s-3)^3}$$
$$(5)\ \ \frac{2\omega s}{(s^2+\omega^2)^2}$$

4. ラプラス変換を用いてつぎの常微分方程式を解け。

$$(1)\quad \frac{d^2y(t)}{dt^2}+5\frac{dy(t)}{dt}-6y(t)=\sin t,\ \ y(0)=0,y^{(1)}(0)=0$$
$$(2)\quad \frac{d^2y(t)}{dt^2}+\frac{dy(t)}{dt}+y(t)=e^{-t}\sin t,\ \ y(0)=1,y^{(1)}(0)=1$$

5. つぎの連立常微分方程式を以下の手順で解け。

$$\frac{d^2x(t)}{dt^2} - \frac{d^2y(t)}{dt^2} + \frac{dy(t)}{dt} - x(t) = e^t - 2,$$

$$2\frac{d^2x(t)}{dt^2} - \frac{d^2y(t)}{dt^2} - 2\frac{dx(t)}{dt} + y(t) = -t,$$

$$x(0) = x^{(1)}(0) = y(0) = y^{(1)}(0) = 0.$$

(1) $\mathcal{L}[x(t)] = X(s), \mathcal{L}[y(t)] = Y(s)$ とおき、上記の二つの常微分方程式をそれぞれラプラス変換し、$X(s), Y(s)$ に関する方程式を導け。

(2) (1) で導出した方程式を $X(s), Y(s)$ について解け。

(3) $X(s), Y(s)$ を逆変換し、常微分方程式の解 $x(t), y(t)$ を求めよ。

6. ラプラス変換を用いて、つぎの積分を求めよ。

$$f(t) = \int_0^\infty \frac{\sin^2 tx}{x^2} dx$$

7. $x(0) = 1$ のとき、つぎの微分積分方程式を解け。

$$\frac{dx(t)}{dt} = \int_0^t x(\tau)\cos(t - \tau)d\tau$$

3章　線形代数の基礎

本章では、線形制御理論の数学的基礎である線形代数について述べる。

3.1　行列と行列式

3.1.1　ベクトルと行列

本書で扱うベクトル空間は実ベクトル空間とし、n 次元ベクトル空間を R^n、n 次元ベクトル空間の元を n 次元ベクトルといい、$x \in R^n$ と書くことにする。また、x と $\tilde{x}$ を

$$x = \begin{bmatrix} x_1 \\ x_2 \\ \vdots \\ x_n \end{bmatrix}, \quad \tilde{x} = [\tilde{x}_1 \ \tilde{x}_2 \cdots \tilde{x}_n]$$

と書いた時、x を列ベクトル、$\tilde{x}$ を行ベクトルと呼ぶ。ここで、$x_i, \tilde{x}_i (i = 1, \cdots, n)$ はベクトル $x, \tilde{x}$ の要素または成分である。ベクトル x のすべての要素 $x_1, x_2, \cdots, x_n$ が 0 のとき、このベクトルを零ベクトルといい、本書では $O_{n\times 1}$ と書く。また、ベクトル x の i 番目の要素 x_i のみが 1 で、他の要素がすべて 0 のベクトルを単位ベクトルといい、本書では e_i と書く。n 次元ベクトルの単位ベクトルは $e_1, e_2, \cdots, e_n$ である。

（注意）ベクトルの要素がすべて実数の場合を実ベクトル、要素に複素数が含まれる場合を複素ベクトルと呼び区別する場合が多いが、本書ではとくに断らない限りベクトルと表現する場合は実ベクトルを指す。

n 次元ベクトルに対して以下の定義を与える。

定義 **3.1**　n 次元ベクトルはスカラ倍と和が定義できる。スカラ $\alpha_1, \alpha_2, \cdots, \alpha_m$ を用いて、m 個のベクトル $v_1, v_2, \cdots, v_m$ から、新たなベクトルが

$$v = \alpha_1 v_1 + \alpha_2 v_2 + \cdots + \alpha_m v_m \tag{3.1}$$

で与えられるとき、ベクトル v はベクトル $v_1, v_2, \cdots, v_m$ の一次結合で表されるという。スカラ $\alpha_1, \alpha_2, \cdots, \alpha_m$ がすべて 0 の場合に限り、

$$\alpha_1 v_1 + \alpha_2 v_2 + \cdots + \alpha_m v_m = O_{n\times 1} \tag{3.2}$$

が成り立つとき、ベクトル $v_1, v_2, \cdots, v_m$ は一次独立であるという。一方、$\alpha_1, \alpha_2, \cdots, \alpha_m$ をすべては 0 でない定数として、(3.2) 式が成り立つとき、ベクトル $v_1, v_2, \cdots, v_m$ は一次従属であるという。 ■

一次従属であれば、少なくともどれか一つのベクトルが他のベクトルの一次結合で表される。たとえば、$\alpha_1 \neq 0$ であれば、

$$v_1 = -\frac{\alpha_2}{\alpha_1} v_2 - \frac{\alpha_3}{\alpha_1} v_3 - \cdots - \frac{\alpha_m}{\alpha_1} v_m$$

である。

m 次元ベクトル空間から n 次元ベクトル空間への線形写像を行列と呼ぶ。行列の i, j 要素（$i-j$ 要素）を a_{ij} とすれば、行列は

$$A = \begin{bmatrix} a_{11} & a_{12} & \cdots & \cdots & a_{1m} \\ a_{21} & a_{22} & \cdots & \cdots & a_{2m} \\ \vdots & \cdots & \ddots & a_{ij} & \vdots \\ \vdots & \cdots & & \ddots & \vdots \\ a_{n1} & a_{n2} & \cdots & \cdots & a_{nm} \end{bmatrix}$$

と記述される。すべての要素 $a_{ij}(i = 1, \cdots, n; j = 1, \cdots, m)$ が零のとき、行列 A は零行列といい、本書では $O_{n\times m}$ と書く。$n = m$ のとき、行列 A は正方行列であるという。

（注意）すべての要素 $a_{ij}(i = 1, \cdots, n; j = 1, \cdots, m)$ が実数であれば $n \times m$ 実行列（あるいは、n 行 m 列の実行列）と呼び、$A \in R^{n\times m}$ と書く。また、一つの要素でも複素数を含めば $n \times m$ 複素行列と呼び、$A \in C^{n\times m}$ と書く。実用

上ほとんどの行列演算では、実行列と複素行列を区別する必要はないため、本書では、とくに断らない限り行列は実行列とする。

二つの行列 $A, B \in R^{n \times m}$ の和および差を $C = A \pm B$ と書く。また、$n \times m$ 行列 A と $m \times l$ 行列 B の積を $C = AB$ と書く。C は $n \times l$ 行列となる。行列の和については交換法則 $A + B = B + A$ が成り立つが、積については一般に交換法則は成り立たない。$AB = BA$ が成り立つとき、A と B は可換であるという。A^T と書いて、$n \times m$ 行列 A の行と列を入れ替えて新たに $m \times n$ 行列を作る操作を表し、A^T を行列 A の転置行列という。とくに、$n \times n$ 正方行列 A が $A^T = A$ となるとき、正方行列 A は対称行列であるといい、$A^T = -A$ となるとき、正方行列 A は歪対称行列という。対称行列の特別な例として、対角要素のみに値をもつ

$$A = \begin{bmatrix} a_{11} & & O \\ & \ddots & \\ O & & a_{nn} \end{bmatrix}$$

を対角行列といい、$A = \mathrm{diag}\{a_{11}, \cdots, a_{nn}\}$ とも書く。

$$I_n = \begin{bmatrix} 1 & & O \\ & \ddots & \\ O & & 1 \end{bmatrix}$$

を n 次単位行列という。以後、n 次単位行列に対して記号 I_n を用いる。正方行列については、$a_{ij} = 0 (i > j)$、すなわち対角要素より下の各要素が零の場合、上三角行列、$a_{ij} = 0 (i < j)$、すなわち対角要素より上の各要素が零の場合、下三角行列という。

定義 3.2　$n \times m$ 行列 A に対して、つぎの定義を与える。

(1) 行列 A の一次独立な行または列ベクトルの数が r である時、行列 A の階数（ランク）は r であるといい、$\mathrm{rank}A = r$ と書く。

(2) $n > m$ のとき、$\mathrm{rank}A = m$ であれば、行列 A は列フルランクであると

いう。

(3) $n < m$ のとき、$\mathrm{rank}A = n$ であれば、行列 A は行フルランクであるという。

(4) 正方行列 $n = m$ のとき、$\mathrm{rank}A = n$ であれば、行列 A は正則であるという。 ■

$n \times p$ 行列 A と $p \times m$ 行列 B の積、$n \times m$ 行列 AB の階数については

$$\mathrm{rank}A + \mathrm{rank}B - p \leq \mathrm{rank}AB \leq \min(\mathrm{rank}A, \mathrm{rank}B)$$

が成り立つ。これをシルベスターの不等式という。とくに、$n \times p$ 行列 A と p 次正則行列 B の積 AB の階数は

$$\mathrm{rank}A + p - p \leq \mathrm{rank}AB \leq \min(\mathrm{rank}A, \mathrm{rank}B)$$

となり

$$\mathrm{rank}AB = \mathrm{rank}A$$

であることから、正則行列をかけても階数は変わらない。

3.1.2 行列式と逆行列

行列式は正方行列 A に対してのみ定義されるスカラ量であり、$\det A$ と書かれる。その定義は別の成書に譲り、ここでは、行展開あるいは列展開の公式による計算法を紹介する。

定義 3.3 $n \times n$ 正方行列を以後 n 次正方行列と呼ぶ。n 次正方行列 A に対して、つぎの定義を与える。

(1) 行列 A の i 行 j 列を除いて作った行列 $n-1$ 次正方行列を M_{ij} としたとき、その行列式 $\det M_{ij}$ を行列 A の要素 a_{ij} の小行列式という。

(2) a_{ij} の小行列式 $\det M_{ij}$ に $(-1)^{i+j}$ をかけた値を a_{ij} の余因子と呼び、Δ_{ij}

と書く。すなわち

$$\Delta_{ij} = (-1)^{i+j} \det M_{ij}$$

である。

(3)　行列 A の要素 a_{ij} をその余因子 Δ_{ij} で置き換えて作った行列の転置を余因子行列と呼び、adj$A$ と書く。すなわち

$$\mathrm{adj}A = \begin{bmatrix} \Delta_{11} & \Delta_{12} & \Delta_{13} & \cdots & \Delta_{1n} \\ \Delta_{21} & \Delta_{22} & \Delta_{23} & \cdots & \Delta_{2n} \\ \Delta_{31} & \Delta_{32} & \Delta_{33} & \ddots & \vdots \\ \vdots & \cdots & & \ddots & \vdots \\ \Delta_{n1} & \Delta_{n2} & \cdots & \cdots & \Delta_{nn} \end{bmatrix}^T = \begin{bmatrix} \Delta_{11} & \Delta_{21} & \Delta_{31} & \cdots & \Delta_{n1} \\ \Delta_{12} & \Delta_{22} & \Delta_{32} & \cdots & \Delta_{n2} \\ \Delta_{13} & \Delta_{23} & \Delta_{33} & \ddots & \vdots \\ \vdots & \cdots & & \ddots & \vdots \\ \Delta_{1n} & \Delta_{2n} & \cdots & \cdots & \Delta_{nn} \end{bmatrix} \tag{3.3}$$

■

余因子 Δ_{ij} を用いて、行列式 $\det A$ はつぎのように展開することができる。

1. 行展開：

$$\det A = \sum_{j=1}^{n} a_{ij}\Delta_{ij} \quad (i = 1, \cdots, n) \tag{3.4}$$

2. 列展開：

$$\det A = \sum_{i=1}^{n} a_{ij}\Delta_{ij} \quad (j = 1, \cdots, n) \tag{3.5}$$

(3.4) および (3.5) 式はラプラス展開と呼ばれ、n 次正方行列 A の行列式計算を一つ次数の低い $n-1$ 次正方行列の行列式計算に帰着させるもので、四次以上の行列の計算に有用な計算法である。

n 次正方行列 A の n 本の列ベクトルあるいは n 本の行ベクトルが一次独立であれば行列 A は正則である。これは、$\det A \neq 0$ であることと等価である。正則行列行列 A に対して、$AA^{-1} = A^{-1}A = I_n$ の関係を満たす行列 A^{-1} を行列 A の逆行列といい、次式で与える。

$$A^{-1} = \frac{\mathrm{adj}A}{\det A} \tag{3.6}$$

行列 $A, B, C \in R^{n\times n}$ が与えられたとき、以下の公式が成り立つ。

(1) $\det A = \det A^T$

(2) $\det(AB) = \det A \det B = \det(BA)$

(3) $(ABC)^{-1} = C^{-1}B^{-1}A^{-1}$

(4) $(A^{-1})^T = (A^T)^{-1}$

(5) $(A^{-1})^{-1} = A$

ただし、公式 (3) では、A, B, C は n 次正則行列とする。本書では、公式 (4) の行列を A^{-T} と書く。また、$A_{11} \in R^{n_1\times n_1}, A_{12} \in R^{n_1\times n_2}, A_{21} \in R^{n_2\times n_1}, A_{22} \in R^{n_2\times n_2}$ を用いて行列 A をつぎのように分割する。

$$A = \left[\begin{array}{c|c} A_{11} & A_{12} \\ \hline A_{21} & A_{22} \end{array}\right]$$

このとき

1. $\det A_{11} \neq 0$ ならば

$$\det A = \det A_{11} \det(A_{22} - A_{21}A_{11}^{-1}A_{12}) \tag{3.7}$$

2. $\det A_{22} \neq 0$ ならば

$$\det A = \det A_{22} \det(A_{11} - A_{12}A_{22}^{-1}A_{21}) \tag{3.8}$$

が成り立つ。また

$$A = \left[\begin{array}{c|c} A_{11} & A_{12} \\ \hline O_{n_2 \times n_1} & A_{22} \end{array}\right]$$

のとき、ブロック三角行列

$$A = \left[\begin{array}{c|c} A_{11} & O_{n_1 \times n_2} \\ \hline O_{n_2 \times n_1} & A_{22} \end{array}\right]$$

のとき、ブロック対角行列という。ともに、その行列式は

$$\det A = \det A_{11} \det A_{22}$$

となる。さらに、つぎの定理が成り立つ。

定理 3.1 *1.* A_{11} と $L = A_{22} - A_{21}A_{11}^{-1}A_{12}$ が正則であれば、行列 A の逆行列は

$$\left[\begin{array}{c|c} A_{11} & A_{12} \\ \hline A_{21} & A_{22} \end{array}\right]^{-1} = \left[\begin{array}{c|c} I_{n_1} & -A_{11}^{-1}A_{12} \\ \hline O_{n_2 \times n_1} & I_{n_2} \end{array}\right]$$
$$\times \left[\begin{array}{c|c} A_{11}^{-1} & O_{n_1 \times n_2} \\ \hline O_{n_2 \times n_1} & (A_{22} - A_{21}A_{11}^{-1}A_{12})^{-1} \end{array}\right] \left[\begin{array}{c|c} I_{n_1} & O_{n_1 \times n_2} \\ \hline -A_{21}A_{11}^{-1} & I_{n_2} \end{array}\right]$$
$$= \left[\begin{array}{c|c} A_{11}^{-1} + A_{11}^{-1}A_{12}L^{-1}A_{21}A_{11}^{-1} & -A_{11}^{-1}A_{12}L^{-1} \\ \hline -L^{-1}A_{21}A_{11}^{-1} & L^{-1} \end{array}\right]$$

で与えられる。

2. A_{22} と $R = A_{11} - A_{12}A_{22}^{-1}A_{21}$ が正則であれば、行列 A の逆行列は

$$\left[\begin{array}{c|c} A_{11} & A_{12} \\ \hline A_{21} & A_{22} \end{array}\right]^{-1} = \left[\begin{array}{c|c} I_{n_1} & O_{n_1 \times n_2} \\ \hline -A_{22}^{-1}A_{21} & I_{n_2} \end{array}\right]$$

$$\times \left[\begin{array}{c|c} (A_{11}-A_{12}A_{22}^{-1}A_{21})^{-1} & O_{n_1\times n_2} \\ \hline O_{n_2\times n_1} & A_{22}^{-1} \end{array}\right]\left[\begin{array}{c|c} I_{n_1} & -A_{12}A_{22}^{-1} \\ \hline O_{n_2\times n_1} & I_{n_2} \end{array}\right]$$

$$= \left[\begin{array}{c|c} R^{-1} & -R^{-1}A_{12}A_{22}^{-1} \\ \hline -A_{22}^{-1}A_{21}R^{-1} & A_{22}^{-1}A_{21}R^{-1}A_{12}A_{22}^{-1}+A_{22}^{-1} \end{array}\right]$$

で与えられる。

■

3.2 固有値と固有ベクトルおよび対角化

3.2.1 固有値と固有ベクトル

定義 3.4 n 次正方行列 A に対して、スカラ λ とベクトル $x \neq O_{n\times 1}$ が存在して

$$Ax = \lambda x \tag{3.9}$$

を満たすとき、λ を行列 A の固有値、x を固有値 λ に対する固有ベクトルという。また

$$\tilde{x}A = \lambda\tilde{x} \tag{3.10}$$

を満たす行ベクトル $\tilde{x}$ を固有値 λ に対する左固有ベクトルということもある。

■

（注意）(3.10) 式の左固有ベクトルは

$$A^T\tilde{x}^T = \lambda\tilde{x}^T$$

となるから、$\tilde{x}^T$ は n 次正方行列 A^T の固有ベクトルに他ならない。

定理 3.2 λ が A の固有値であるための必要十分条件は λ が

$$\det(\lambda I_n - A) = 0 \tag{3.11}$$

の解となることである。ここで、λ の方程式 $\det(\lambda I_n - A) = 0$ を特性方程式と

呼ぶ。

証明. 定義式 (3.9) を書き直すと

$$(\lambda I_n - A)x = O_{n\times 1}$$

となる $x \neq O_{n\times 1}$ が存在することである。このための必要十分条件は

$$\det(\lambda I_n - A) = 0$$

となることである。 ■

〔例題 **3.1**〕つぎの n 次正方行列は同伴行列と呼ばれる。

$$A = \begin{bmatrix} 0 & 1 & 0 & & \cdots & 0 \\ \vdots & 0 & 1 & 0 & \cdots & 0 \\ \vdots & \vdots & 0 & 1 & \ddots & \vdots \\ \vdots & & & \ddots & \ddots & 0 \\ 0 & \cdots & & & 0 & 1 \\ -a_0 & -a_1 & \cdots & \cdots & \cdots & -a_{n-1} \end{bmatrix}$$

この行列 A の特性方程式が

$$s^n + a_{n-1}s^{n-1} + a_{n-2}s^{n-2} + \cdots + a_1 s + a_0 = 0$$

で与えられることを示せ。

〔解答〕特性方程式 $\det(sI_n - A) = 0$ を最終行でラプラス展開して求める。

$$\det(sI_n - A) = \begin{bmatrix} s & -1 & 0 & & \cdots & 0 \\ 0 & s & -1 & 0 & \cdots & 0 \\ \vdots & 0 & s & -1 & \ddots & \vdots \\ \vdots & & \ddots & \ddots & \ddots & 0 \\ 0 & \cdots & & 0 & s & -1 \\ a_0 & a_1 & \cdots & \cdots & \cdots & s + a_{n-1} \end{bmatrix}$$

より

$$\det(sI_n - A) = a_0\Delta_{n1} + a_1\Delta_{n2} + \cdots + (s + a_{n-1})\Delta_{nn}$$

ここで

$$\begin{aligned}\Delta_{n1} &= (-1)^{n+1}\det\begin{bmatrix} -1 & 0 & & \cdots & 0 \\ s & -1 & 0 & \cdots & 0 \\ 0 & s & -1 & \ddots & \vdots \\ \vdots & \ddots & \ddots & \ddots & 0 \\ 0 & \cdots & 0 & s & -1 \end{bmatrix} \\ &= (-1)^{n+1}(-1)^{n-1} = (-1)^{2n} = 1\end{aligned}$$

$$\begin{aligned}\Delta_{n2} &= (-1)^{n+2}\det\begin{bmatrix} s & 0 & & \cdots & 0 \\ 0 & -1 & 0 & \cdots & 0 \\ 0 & s & -1 & \ddots & \vdots \\ \vdots & \ddots & \ddots & \ddots & 0 \\ 0 & \cdots & 0 & s & -1 \end{bmatrix} \\ &= (-1)^{n+2}(-1)^{n-2}s = (-1)^{2n}s = s\end{aligned}$$

$$\Delta_{ni} = (-1)^{n+i}\det\begin{bmatrix} s & -1 & 0 & & \cdots & & & & 0 \\ 0 & s & -1 & 0 & \cdots & & & & 0 \\ \vdots & & \ddots & \ddots & \ddots & & & & 0 \\ 0 & \cdots & & s & -1 & 0 & \cdots & & 0 \\ 0 & \cdots & & 0 & s & 0 & \cdots & & 0 \\ 0 & \cdots & & 0 & 0 & -1 & 0 & \cdots & 0 \\ 0 & \cdots & & & 0 & s & -1 & & 0 \\ \vdots & \cdots & & & & \ddots & \ddots & \ddots & 0 \\ 0 & & \cdots & \cdots & & & & s & -1 \end{bmatrix}$$

$$= (-1)^{n+i}(-1)^{n-i}s^{i-1} = (-1)^{2n}s^{i-1} = s^{i-1},\ i = 3, 4, \cdots, n-1$$

$$\begin{aligned}\Delta_{nn} &= (-1)^{n+n}\det\begin{bmatrix} s & -1 & & \cdots & 0 \\ 0 & s & -1 & \cdots & 0 \\ 0 & 0 & s & \ddots & \vdots \\ \vdots & \ddots & \ddots & \ddots & -1 \\ 0 & \cdots & & 0 & s \end{bmatrix} \\ &= (-1)^{2n}s^{n-1} = s^{n-1}\end{aligned}$$

これより

$$\begin{aligned}\det(sI_n - A) &= a_0\Delta_{n1} + a_1\Delta_{n2} + \cdots + (s + a_{n-1})\Delta_{nn} \\ &= a_0 + a_1 s + \cdots + (s + a_{n-1})s^{n-1} \\ &= s^n + a_{n-1}s^{n-1} + a_{n-2}s^{n-2} + \cdots + a_1 s + a_0\end{aligned}$$

（注意）$A \in R^{n\times n}$ であっても、特性方程式の解（固有値）は実数とは限らない。λ が複素数の場合、対応する固有ベクトルも複素ベクトルである。

〔例題 **3.2**〕つぎの行列の固有値と固有ベクトルを求めよ。

$$A = \begin{bmatrix} 2 & 1 \\ -1 & 2 \end{bmatrix}$$

〔解答〕特性方程式は

$$\det(\lambda I_2 - A) = \lambda^2 - 4\lambda + 5 = 0$$

より、$\lambda_1 = 2 + j$ および $\lambda_2 = 2 - j$ が固有値である。$\lambda_1 = 2 + j$ に対する固有ベクトルは

$$(\lambda_1 I_2 - A)x = \begin{bmatrix} j & -1 \\ 1 & j \end{bmatrix}\begin{bmatrix} x_1 \\ x_2 \end{bmatrix} = O_{2\times 1}$$

より

$$jx_1 - x_2 = 0$$
$$x_1 + jx_2 = 0$$

を満たすように $x = [1 \ \ j]^T$ と選ぶことができる。$\lambda_2 = 2 - j$ に対する固有ベクトルは

$$(\lambda_2 I_2 - A)x = \begin{bmatrix} -j & -1 \\ 1 & -j \end{bmatrix} \begin{bmatrix} x_1 \\ x_2 \end{bmatrix} = O_{2\times 1}$$

より、

$$-jx_1 - x_2 = 0$$
$$x_1 - jx_2 = 0$$

を満たすように $x = [1 \ \ -j]^T$ と選ぶことができる。

一方、実行列が対称行列（実対称行列）となる場合に対してはつぎの性質が成り立つ。

定理 3.3 実対称行列の固有値は実数である。

証明. 実対称行列 A の複素固有値が存在すれば、必ず共役固有値も存在する。このとき、その固有ベクトルも複素共役となる。したがって、複素固有値を λ、その固有ベクトルを x とすれば、その共役複素数 $\bar{\lambda}$、$\bar{x}$ に対して

$$\lambda x = Ax, \ \ \bar{\lambda}\bar{x} = A\bar{x}$$

が成り立つ。ここで、$\lambda x = Ax$ の左から $\bar{x}^T$ を掛けると、A は対称行列であるから

$$\lambda \bar{x}^T x = \bar{x}^T A x = (Ax)^T \bar{x} = x^T A \bar{x} = \bar{\lambda} x^T \bar{x}$$

となる。x の要素を $x_i (i = 1, \cdots, n)$ とすれば、複素数の内積より

$$\bar{x}^T x = \sum_{i=1}^{n} |x_i|^2 = x^T \bar{x} > 0$$

であるから

$$\lambda = \bar{\lambda}$$

となる。これは、λ が実数であることを示している。 ■

3.2.2 多項式行列

$A \in R^{n\times m}, B \in R^{n\times m}$ からなる $n \times m$ 行列 $A + sB$ を、行列の要素が s の一次多項式からなるという意味で一次多項式行列あるいはペンシル行列という。固有値の計算や制御工学においてとくに重要な役割を果たす行列 $sI_n - A$ も一次多項式行列である。一般に、$n \times m$ 行列 $A(s) = [a_{ij}(s)]$ の要素が多項式であれば、$A(s) = [a_{ij}(s)]$ を多項式行列という。一方

$$(sI_n - A)^{-1} = \frac{1}{\det(sI_n - A)} \mathrm{adj}(sI_n - A)$$

のように、その要素 $a_{ij}(s)$ が有理関数であれば $A(s) = [a_{ij}(s)]$ を有理関数行列という。

n 次正方行列 A の特性方程式 $\phi(s) = \det(sI_n - A) = 0$ は

$$\phi(s) = s^n + a_{n-1}s^{n-1} + a_{n-2}s^{n-2} + \cdots + a_1 s + a_0 = 0 \qquad (3.12)$$

の s に関して n 次のモニック多項式[3.1]となる。ここで、この多項式を $\phi(s)$ と書くことにする。このとき、以下の事実がケーリー・ハミルトンの定理として知られている。

定理 3.4 n 次正方行列 A の特性方程式が (3.12) 式で与えられている。このとき

$$\phi(A) = A^n + a_{n-1}A^{n-1} + a_{n-2}A^{n-2} + \cdots + a_1 A + a_0 I_n = O_{n\times n}$$

[3.1] 最高次の係数が 1 の多項式

$$(3.13)$$

が成り立つ。 ■

このように、n 次正方行列 A に対して、$\phi(A) = O_{n \times n}$ となるスカラ多項式 $\phi(s)$ を A の零化多項式という。ケーリー・ハミルトンの定理より、n 次正方行列 A の特性方程式は、常にその零化多項式となる。また、n 次正方行列 A の零化多項式のうち、最小次数のモニック多項式を最小多項式という。n 次正方行列 A の最小多項式 $\psi(s)$ は

$$\psi(s) = \frac{\det(sI_n - A)}{d(s)}$$

で与えられる。ここで、$d(s)$ は $\mathrm{adj}(sI_n - A)$ の全要素の最大公約多項式である。すなわち、行列 A の最小多項式 $\psi(s)$ は A の特性方程式から $\mathrm{adj}(sI_n - A)$ のすべての要素との共通因子を除いた多項式である。詳細は線形代数の成書を参照するとして、以下の例を用いて、特性方程式と最小多項式の関係を考える。

$$A_1 = \begin{bmatrix} \lambda_1 & 0 & 0 \\ 0 & \lambda_2 & 0 \\ 0 & 0 & \lambda_3 \end{bmatrix},\ A_2 = \begin{bmatrix} \lambda_1 & 0 & 0 \\ 0 & \lambda_1 & 0 \\ 0 & 0 & \lambda_2 \end{bmatrix},\ \lambda_i \neq \lambda_j\ (i \neq j)$$

三次正方行列 A_1 の特性方程式 $\phi_1(s)$ は

$$\phi_1(s) = (s - \lambda_1)(s - \lambda_2)(s - \lambda_3)$$

であり、このとき $\mathrm{adj}(sI_3 - A_1)$ の全要素の最大公約多項式は $d_1(s) = 1$ であるから、この場合は特性方程式と最小多項式は等しい。一方、三次正方行列 A_2 の特性方程式 $\phi_2(s)$ は

$$\phi_2(s) = (s - \lambda_1)^2(s - \lambda_2)$$

であり、このとき $\mathrm{adj}(sI_3 - A_2)$ の全要素の最大公約多項式は $d_2(s) = s - \lambda_1$ であるから、最小多項式は $\psi_2(s) = (s - \lambda_1)(s - \lambda_2)$ となり、特性方程式とは

異なる。いずれも $\phi_i(A) = O_{3\times3}, \psi_i(A) = O_{3\times3} (i = 1, 2)$ となる。

3.2.3 対角化

n 次正方行列 A の特性方程式 $\phi(s) = \det(sI_n - A)$ は

$$\phi(s) = (s - \lambda_1)^{r_1}(s - \lambda_2)^{r_2} \cdots (s - \lambda_q)^{r_q}$$

と一次因子の積に分解できる。ただし、$\lambda_i \neq \lambda_j (i \neq j)$ かつ $r_1 + \cdots + r_q = n$ である。このとき、A は相異なる固有値 $\lambda_i(i = 1, \cdots, q)$ をもつという。ここで、r_i を固有値 λ_i の代数的重複度という。一方

$$p_i = n - \mathrm{rank}(\lambda_i I_n - A), \;\; i = 1, \cdots, q \tag{3.14}$$

により定まる自然数 p_i を固有値 λ_i の幾何学的重複度という。幾何学的重複度は、固有値 λ_i に対する独立な固有ベクトルの数を表す。ここで、$r_i = p_i(i = 1, \cdots, q)$ が成り立つ行列 A を単純という。単純な n 次正方行列 A は $\Sigma_{i=1}^q r_i = \Sigma_{i=1}^q p_i = n$ であるから、n 本の独立な固有ベクトルをもつ。

〔例題 **3.3**〕つぎの実対称行列の固有値と固有ベクトルを求め、この行列が単純であることを示せ。

$$A = \begin{bmatrix} 2 & 1 & -1 \\ 1 & 2 & -1 \\ -1 & -1 & 2 \end{bmatrix}$$

〔解答〕特性方程式は

$$\det(\lambda I_3 - A) = \lambda^3 - 6\lambda^2 + 9\lambda - 4 = (s - 1)^2(s - 4)$$

であるから、固有値 $\lambda_1 = 1$ は代数的重複度 $r_1 = 2$ をもち、$\lambda_2 = 4$ は $r_2 = 1$ である。$\lambda_1 = 1$ に対する幾何学的重複度は

$$p_1 = 3 - \mathrm{rank}(\lambda_1 I_3 - A) = 2$$

より、$p_1 = r_1 = 2$ であることがわかる。これは連立方程式

$$(A - \lambda_1 I_3)x_1 = \begin{bmatrix} 1 & 1 & -1 \\ 1 & 1 & -1 \\ -1 & -1 & 1 \end{bmatrix} \begin{bmatrix} x_1^1 \\ x_2^1 \\ x_3^1 \end{bmatrix} = O_{3\times 1}$$

が $x_1^1 + x_2^1 - x_3^1 = 0$ となることを意味する。これを満たすベクトル x_1 として二つの独立な解 $[1\ 0\ 1]^T$、$[0\ 1\ 1]^T$ を選ぶことができる。

$\lambda_2 = 4$ に対する幾何学的重複度は

$$p_2 = 3 - \mathrm{rank}(\lambda_2 I_3 - A) = 1$$

より、$p_2 = r_2 = 1$ であることがわかる。これは、連立方程式

$$(A - \lambda_2 I_3)x_2 = \begin{bmatrix} -2 & 1 & -1 \\ 1 & -2 & -1 \\ -1 & -1 & -2 \end{bmatrix} \begin{bmatrix} x_1^2 \\ x_2^2 \\ x_3^2 \end{bmatrix} = O_{3\times 1}$$

が $x_1^2 - 2x_2^2 - x_3^2 = 0, x_1^2 + x_2^2 + 2x_3^2 = 0$ となることを意味する。これを満たすベクトル x_2 として $[1\ 1\ -1]^T$ と選ぶことができる。したがって、$r_i = p_i (i = 1, 2)$ より、単純であることが示され、三つの独立な固有ベクトルを得ることができた。

定義 3.5 n 次正方行列 A に対して、正則行列 T が存在して、$\tilde{A} = T^{-1}AT$ とする変換を相似変換あるいは正則変換という。このとき、行列 A と $\tilde{A}$ は相似であるといい

$$A \sim \tilde{A}$$

と書く。とくに、相似変換によって

$$\tilde{A} = \begin{bmatrix} \lambda_1 & & O \\ & \ddots & \\ O & & \lambda_n \end{bmatrix}$$

$$= \mathrm{diag}\{\lambda_1 \cdots \lambda_n\}$$

となるとき、行列 A は対角化可能という。 ■

定理 3.5　n 次正方行列 A が対角化可能であるための必要十分条件は、行列 A が単純であることである。

証明.（十分性）: 行列 A が単純であるから、n 本の独立な固有ベクトルが存在する。それを $\{v_1, \cdots, v_n\}$ とすれば

$$Av_1 = \lambda_1 v_1,\ Av_2 = \lambda_2 v_2, \cdots, Av_n = \lambda_n v_n$$

となる。ただし、$\lambda_i\ (i = 1, \cdots, n)$ はすべて異なる固有値とは限らない。また、〔例題 3.2〕で示したように、実行列 A の固有値が複素数となる場合もあるため、固有ベクトルは複素ベクトルとする。ここで、固有ベクトルから構成される n 次正方行列 T を次式で定義する。

$$T = \begin{bmatrix} v_1 & v_2 & \cdots & v_n \end{bmatrix},\ v_i \in C^n,\ i = 1, \cdots, n$$

T の左から A をかけると

$$\begin{aligned} AT &= \begin{bmatrix} Av_1 & Av_2 & \cdots & Av_n \end{bmatrix} \\ &= \begin{bmatrix} \lambda_1 v_1 & \lambda_2 v_2 & \cdots & \lambda_n v_n \end{bmatrix} \\ &= \begin{bmatrix} v_1 & v_2 & \cdots & v_n \end{bmatrix} \begin{bmatrix} \lambda_1 & & O \\ & \ddots & \\ O & & \lambda_n \end{bmatrix} \\ &= T \begin{bmatrix} \lambda_1 & & O \\ & \ddots & \\ O & & \lambda_n \end{bmatrix} \end{aligned} \tag{3.15}$$

となる。ここで、(3.15) 式の左から T^{-1} をかけると

$$T^{-1}AT = \begin{bmatrix} \lambda_1 & & O \\ & \ddots & \\ O & & \lambda_n \end{bmatrix} \tag{3.16}$$

となる。

（必要性）：(3.15) 式と (3.16) 式の等価性より明らかとなる。 ■

（注意）単純行列の例として、n 個の相異なる固有値をもつ n 次正方行列 A が知られている。これは、相異なる n 個の固有値に対する n 本の固有ベクトルは一次独立となることを示している。また、実対称行列も単純である。実対称行列に対して、つぎの事実が知られている。

1. 定理 3.3 で示したように、実対称行列の固有値はすべて実数である。
2. 異なる固有値に対する固有ベクトルは互いに直交する。
3. 重複（代数的重複度 r）する固有値に対しても、代数的重複度 r に等しい数の固有ベクトルが存在し、かつ、それらは直交するように選べる。

n 次正方行列 A が $A^TA = AA^T = I_n$ となるとき、行列 A を直交行列という。実対称行列は直交行列によって対角化できる。このことをつぎの例で示す。

〔例題 **3.4**〕つぎの行列を対角化せよ。

$$A = \begin{bmatrix} 1 & -1 & 1 \\ -1 & 1 & 1 \\ 1 & 1 & 1 \end{bmatrix}$$

〔解答〕この行列は実対称行列、すなわち単純である。このため、固有値に重複があっても対角化できる。また、その時の変換行列は直交行列となる。これを以下に示す。

特性方程式は $\det(sI_3 - A) = (s+1)(s-2)^2 = 0$ であるから、固有値は $\lambda_1 = -1$ と重複固有値 $\lambda_2 = 2$ となる。$\lambda_1 = -1$ に対する固有ベクトルは $[-1\ \ -1\ 1]^T$ である。これを正規化して

$$v_1 = \left[\frac{-1}{\sqrt{3}}\ \frac{-1}{\sqrt{3}}\ \frac{1}{\sqrt{3}}\right]^T$$

を得る。重複固有値 $\lambda_2 = 2$ に対する独立な固有ベクトル v_2 は二つ存在する。これは $v_2 = [p\ q\ p+q]^T$、ただし p, q は任意の実数の形で与えられる。これより直交する二つの固有ベクトルを選び、正規化すれば

$$v_{21} = \left[\frac{1}{\sqrt{2}}\ \frac{-1}{\sqrt{2}}\ 0\right]^T,\quad v_{22} = \left[\frac{1}{\sqrt{6}}\ \frac{1}{\sqrt{6}}\ \frac{2}{\sqrt{6}}\right]^T$$

を得る。これらのベクトルから行列 $T = [v_1\ v_{21}\ v_{22}]$ を作り

$$T = \begin{bmatrix} -\frac{1}{\sqrt{3}} & \frac{1}{\sqrt{2}} & \frac{1}{\sqrt{6}} \\ -\frac{1}{\sqrt{3}} & -\frac{1}{\sqrt{2}} & \frac{1}{\sqrt{6}} \\ \frac{1}{\sqrt{3}} & 0 & \frac{2}{\sqrt{6}} \end{bmatrix}$$

とおけば、$T^T T = TT^T = I_n$ となり、直交行列となることがわかる。これより

$$T^T AT = \begin{bmatrix} -1 & 0 & 0 \\ 0 & 2 & 0 \\ 0 & 0 & 2 \end{bmatrix}$$

を得る。

通常、対角化するだけなら、固有ベクトルを正規化する必要はない。独立な三つの固有ベクトルさえ見つかれば変換行列を作ることが出来る。たとえば、$\lambda_1 = -1$ に対する固有ベクトルを $[1\ 1\ -1]^T$ とし、$\lambda_2 = 2$ に対する固有ベクトルを $[1\ 1\ 2]^T$ および $[1\ 0\ 1]^T$ と選ぶこともできる。このとき、変換行列とその逆行列は

$$T = \begin{bmatrix} 1 & 1 & 1 \\ 1 & 1 & 0 \\ -1 & 2 & 1 \end{bmatrix},\quad T^{-1} = \frac{1}{3}\begin{bmatrix} 1 & 1 & -1 \\ -1 & 2 & 1 \\ 3 & -3 & 0 \end{bmatrix}$$

となる。ただし、この変換行列は直交行列ではない。これより

$$T^{-1}AT = \begin{bmatrix} -1 & 0 & 0 \\ 0 & 2 & 0 \\ 0 & 0 & 2 \end{bmatrix}$$

を得る。

3.2.4 ジョルダン標準形

n 次正方行列 A が単純でなければ、対角行列へ変換することができない。すなわち、代数的重複度 r の固有値 λ に対して、その幾何学的重複度 p が $r > p$ となる場合である。この場合、ジョルダン標準形へ変換することになる。ここで、n 次正方行列 A の相異なる固有値を $\lambda_1, \lambda_2, \cdots, \lambda_m$ とする。また、それぞれの重複度を $n_1, n_2, \cdots, n_m$ とする。ただし、

$$n_1 + n_2 + \cdots + n_m = n$$

である。このとき

$$J = T^{-1}AT = \left[\begin{array}{c|c|c|c} J_1(\lambda_1) & O & \cdots & O \\ \hline O & J_2(\lambda_2) & O & \vdots \\ \hline \vdots & \cdots & \ddots & O \\ \hline O & \cdots & O & J_m(\lambda_m) \end{array}\right] \tag{3.17}$$

$$J_i(\lambda_i) \in C^{n_i \times n_i}, i = 1, \cdots, m$$

へ変換できる。これをジョルダン標準形という。ここで、$J_i(\lambda_i)$ を固有値 λ_i に対するジョルダン標準形といい

$$J_i(\lambda_i) = \left[\begin{array}{c|c|c|c} J_{i1}(\lambda_i) & O & \cdots & O \\ \hline O & J_{i2}(\lambda_i) & O & \vdots \\ \hline \vdots & \cdots & \ddots & O \\ \hline O & \cdots & O & J_{ip_i}(\lambda_i) \end{array}\right] \tag{3.18}$$

$$J_{ij}(\lambda_i) = \begin{bmatrix} \lambda_i & 1 & & O \\ & \lambda_i & 1 & \\ & & \ddots & 1 \\ O & & & \lambda_i \end{bmatrix} \in C^{n_{ij}\times n_{ij}}, j = 1, \cdots, p_i$$

とかける。ここで

$$n_{i1} + n_{i2} + \cdots + n_{ip_i} = n_i$$

である。ここで、$J_{ij}(\lambda_i)$ を固有値 λ_i に対するジョルダンブロックという。このジョルダンブロックの数 p_i は固有値 λ_i に対する独立な固有ベクトルの数に等しい。すなわち

$$\mathrm{rank}(\lambda_i I_n - A) = n - p_i$$

によって決まる。したがって、もし、$n_i = p_i (i = 1, \cdots, m)$ ならば、独立な固有ベクトルの数が n となり、n 次正方行列 A は対角化可能である。ここでは、A が単純でない場合を考えているから、ある i に対して $p_i < n_i$ とする。ジョルダン標準形 (3.17) 式への変換行列を、各固有値に対応した変換行列 $T_i(\lambda_i)$ を用いて

$$T = \begin{bmatrix} T_1(\lambda_1) & T_2(\lambda_2) & \cdots & T_m(\lambda_m) \end{bmatrix} \tag{3.19}$$

と書き、$T_i(\lambda_i)$ の求め方を以下に示す。

1. $p_i = 1$ の場合

   λ_i に対するジョルダンブロックは 1 個であるから、(3.17) 式は

$$J_i(\lambda_i) = J_{i1}(\lambda_i) = \begin{bmatrix} \lambda_i & 1 & & O \\ & \lambda_i & 1 & \\ & & \ddots & 1 \\ O & & & \lambda_i \end{bmatrix} \in C^{n_i \times n_i}$$

となる。この時、$AT = TJ$ の関係から、$T_i(\lambda_i)$ を以下の手順で求める。

(1) 固有値 λ_i に対する固有ベクトル $x_1 \in C^n$ および次式で求まるベクトル $x_2, \cdots, x_{n_i} \in C^n$ を求める。

$$\begin{aligned} Ax_1 &= \lambda_i x_1 \\ Ax_2 &= \lambda_i x_2 + x_1 \\ \vdots & \quad \vdots \\ Ax_{n_i} &= \lambda_i x_{n_i} + x_{n_i-1} \end{aligned}$$

これらのベクトルを一般化固有ベクトルと呼ぶ。

(2) $T_i(\lambda_i)$ をつぎのように決める。

$$T_i(\lambda_i) = [x_1 \ x_2 \ \cdots \ x_{n_i}]$$

(3) (3.19) 式で T を決める。

2. $p_i \geq 2$ の場合

理解を容易にするため $p_i = 2$ の場合について説明する。この場合、固有値 λ_i に対応するジョルダン標準形 (3.17) 式は

$$J_i(\lambda_i) = \begin{bmatrix} J_{i1}(\lambda_i) & O \\ O & J_{i2}(\lambda_i) \end{bmatrix}$$

$$J_{ij}(\lambda_i) = \begin{bmatrix} \lambda_i & 1 & & O \\ & \ddots & \ddots & \\ & & \ddots & 1 \\ O & & & \lambda_i \end{bmatrix} \in C^{n_{ij} \times n_{ij}} \quad (j = 1, 2)$$

この場合、ブロックのサイズ n_{i1}, n_{i2} も含め、$T_i(\lambda_i)$ を以下の手順で、試行錯誤的に求める。

(1) $n_{i1} + n_{i2} = n_i$ を満たす n_{i1}, n_{i2} の値を適当に定める。

(2) n_{i1}, n_{i2} の値に対応する J に対して $AT = TJ$ の関係を満たす固有値 λ_i に対する二つの固有ベクトル $x_1^1, x_1^2 \in C^n$ を求める。さらに、次式で求まる一般化固有ベクトル $x_2^1, \cdots, x_{n_{i1}}^1 \in C^n$ と $x_2^2, \cdots, x_{n_{i2}}^2 \in C^n$ を求める。

$$\begin{aligned} Ax_1^1 &= \lambda_i x_1^1 \\ Ax_2^1 &= \lambda_i x_2^1 + x_1^1 \\ \vdots & \quad \vdots \\ Ax_{n_{i1}}^1 &= \lambda_i x_{n_{i1}}^1 + x_{n_{i1}-1}^1 \end{aligned}$$

$$\begin{aligned} Ax_1^2 &= \lambda_i x_1^2 \\ Ax_2^2 &= \lambda_i x_2^2 + x_1^2 \\ \vdots & \quad \vdots \\ Ax_{n_{i2}}^2 &= \lambda_i x_{n_{i2}}^2 + x_{n_{i2}-1}^2 \end{aligned}$$

(3) $T_i(\lambda_i)$ をつぎのように決める。

$$T_i(\lambda_i) = [x_1^1 \ x_2^1 \ \cdots \ x_{n_{i1}}^1 \ x_1^2 \ x_2^2 \ \cdots \ x_{n_{i2}}^2]$$

(4) (3.19) 式で T を定め、$\det T \neq 0$ であれば、終了。もし、$\det T = 0$

であれば、新たに n_{i1}, n_{i2} の値を定め、(2) に戻って繰り返す。

$p_i \geq 3$ の場合も同様に行えばよい。

〔例題 **3.5**〕つぎの行列が単純でないことを確認し、ジョルダン標準形を求めよ。

$$A = \begin{bmatrix} 2 & 1 & 2 \\ 0 & 2 & 1 \\ 0 & 0 & 3 \end{bmatrix}$$

〔解答〕特性方程式は $(\lambda - 2)^2(\lambda - 3) = 0$ であるから、固有値は $\lambda_1 = 2, \lambda_2 = 3$、その代数的重複度は $n_1 = 2, n_2 = 1$ である。それぞれの固有値に対応する独立な固有ベクトルの数は

$$\lambda_1 I_3 - A = \begin{bmatrix} 0 & -1 & -2 \\ 0 & 0 & -1 \\ 0 & 0 & -1 \end{bmatrix}$$

より、$\mathrm{rank}(\lambda_1 I_3 - A) = 2 = 3 - 1$ となるので、$p_1 = 1$ となる。これより、$n_1 = 2$ であるから、$n_1 > p_1$ であり、λ_1 の独立な固有ベクトルの数は代数的重複度より少ないことがわかる。すなわち、行列 A は単純ではない。$p_1 = 1$ の場合の変換行列の求め方を用いて

$$T_1(\lambda_1) = \begin{bmatrix} 1 & 0 \\ 0 & 1 \\ 0 & 0 \end{bmatrix}$$

となる。一方、$\lambda_2 = 3$ に対する固有ベクトルは、$[3 \ \ 1 \ \ 1]^T$ となることから、$T_2(\lambda_2) = [3 \ \ 1 \ \ 1]^T$ として、(3.19) 式の T は

$$T = [T_1(\lambda_1) \ T_2(\lambda_2)] = \left[\begin{array}{cc|c} 1 & 0 & 3 \\ 0 & 1 & 1 \\ 0 & 0 & 1 \end{array}\right]$$

となる。これより

$$T^{-1}AT = \left[\begin{array}{cc|c} 2 & 1 & 0 \\ 0 & 2 & 0 \\ \hline 0 & 0 & 3 \end{array}\right]$$

となる。

〔例題 **3.6**〕つぎの行列が単純でないことを確認し、ジョルダン標準形を求めよ。

$$A = \begin{bmatrix} 1 & 1 & 2 & 1 \\ 0 & 1 & 3 & 2 \\ 0 & 0 & 1 & 0 \\ 0 & 0 & 0 & 1 \end{bmatrix}$$

〔解答〕特性方程式は $\det(\lambda I_4 - A) = (\lambda - 1)^4 = 0$ であるから、固有値は $\lambda_1 = 1$、その代数的重複度は 4 である。この固有値に対応する独立な固有ベクトルの数は

$$\lambda_1 I_4 - A = \begin{bmatrix} 0 & -1 & -2 & -1 \\ 0 & 0 & -3 & -2 \\ 0 & 0 & 0 & 0 \\ 0 & 0 & 0 & 0 \end{bmatrix}$$

より、$\mathrm{rank}(\lambda_1 I_4 - A) = 2$ であるから、$p_1 = 2$ となる。したがって、$n_1 = 4$ であるから、$n_1 > p_1$ であり、λ_1 の独立な固有ベクトルの数は代数的重複度より少ないことがわかる。これより、行列 A は単純ではない。$p_1 = 2$ の場合、ジョルダン標準形は二つ存在し、それは $n_{11} = 1, n_{12} = 3$ の場合の $\hat{J}$ と、$n_{11} = 2, n_{12} = 2$ の場合の $\tilde{J}$ の二つである。すなわち

$$\hat{J} = \left[\begin{array}{c|ccc} 1 & 0 & 0 & 0 \\ \hline 0 & 1 & 1 & 0 \\ 0 & 0 & 1 & 1 \\ 0 & 0 & 0 & 1 \end{array}\right], \quad \tilde{J} = \left[\begin{array}{cc|cc} 1 & 1 & 0 & 0 \\ 0 & 1 & 0 & 0 \\ \hline 0 & 0 & 1 & 1 \\ 0 & 0 & 0 & 1 \end{array}\right]$$

のいずれかである。どちらが正しいかは試行錯誤によって決める。$p_1 = 2$ の場合の変換行列の求め方により、まず、$n_{11} = 1, n_{12} = 3$ の場合を求める。
$p_1 = 2$ の場合の1行1列のブロック要素に対応する固有ベクトルは、$Ax_1^1 = \lambda_1 x_1^1 (\lambda_1 = 1)$ より

$$x_1^1 = \begin{bmatrix} 0 \\ 1 \\ -2 \\ 3 \end{bmatrix}$$

となる。一方、3行3列のブロック要素に対しては、固有ベクトルが、$Ax_1^2 = \lambda_1 x_1^2 (\lambda_1 = 1)$ より求まる。また、ジョルダンブロックの形より、$Ax_2^2 = \lambda_1 x_2^2 + x_1^2$。さらに、$Ax_3^2 = \lambda_1 x_3^2 + x_2^2$ を満たす互いに独立なベクトル $\{x_1^2, x_2^2, x_3^2\}$ が存在する。これらは、簡単な計算により

$$x_1^2 = \begin{bmatrix} 1 \\ 0 \\ 0 \\ 0 \end{bmatrix}, \quad x_2^2 = \begin{bmatrix} 1 \\ 1 \\ 0 \\ 0 \end{bmatrix}, \quad x_3^2 = \begin{bmatrix} 1 \\ 1 \\ -1 \\ 2 \end{bmatrix}$$

となることがわかる。ここで、変換行列 $T = T_1(\lambda_1) = \begin{bmatrix} x_1^1 & x_1^2 & x_2^2 & x_3^2 \end{bmatrix}$ とその逆行列はつぎのように与えられる。

$$T = T_1(\lambda_1) = \begin{bmatrix} 0 & 1 & 1 & 1 \\ 1 & 0 & 1 & 1 \\ -2 & 0 & 0 & -1 \\ 3 & 0 & 0 & 2 \end{bmatrix}, \quad T^{-1} = \begin{bmatrix} 0 & 0 & -2 & -1 \\ 1 & -1 & -2 & -1 \\ 0 & 1 & -1 & -1 \\ 0 & 0 & 3 & 2 \end{bmatrix}$$

これより

$$\hat{J} = T^{-1}AT = \left[\begin{array}{c|ccc} 1 & 0 & 0 & 0 \\ \hline 0 & 1 & 1 & 0 \\ 0 & 0 & 1 & 1 \\ 0 & 0 & 0 & 1 \end{array}\right]$$

となる。もう一つのジョルダン標準形に対しても同様の操作を行なう。しかし、この場合、正則な変換行列を見つけることはできない。したがって、行列 A のジョルダン標準形は $\hat{J}$ で与えられる。

3.2.5 二次形式

n 次実正方行列 $A \in R^{n\times n}$ と実ベクトル $x \in R^n$ について x^TAx の計算を行えば、

$$x^TAx = \sum_{i=1}^{n}\sum_{j=1}^{n} a_{ij}x_ix_j \tag{3.20}$$

となる。ここで、a_{ij} は行列 A の i, j 要素、x_i はベクトル x の i 要素である。(3.20) 式を二次形式という。

任意の n 次実正方行列 A を

$$B = \frac{1}{2}(A + A^T),\ \ C = \frac{1}{2}(A - A^T)$$

とおけば、$A = B + C$ である。ここで、n 次実正方行列 B は実対称行列であり、C は実歪対称行列である。これは、任意の n 次実正方行列は実対称行列と実歪対称行列の和で書けることを意味している。C を実歪対称行列として二次形式 x^TCx をつくる。二次形式はスカラであるから、転置をとっても値は同じである。すなわち、$x^TCx = x^TC^Tx$ である。しかし、C の歪対称性 $C^T = -C$ から、$x^TCx = -x^TCx$ となる。これは $x^TCx = 0$ を意味する。すなわち、実歪対称行列の二次形式は常に 0 である。これより、二次形式を考えるとき、行列 A は実対称行列として一般性を失わない。そこで、本項では n 次正方行列 A は実対称行列とする。

二次形式 $x^T Ax$ が零ベクトルでないすべてのベクトル x について正値、すなわち

$$x^T Ax > 0, \forall x \neq O_{n\times 1}$$

のとき、正方行列 A を正定行列といい、$A > O_{n\times n}$ と書く。$x^T Ax$ が零ベクトルでないすべてのベクトル x について非負、すなわち

$$x^T Ax \geq 0, \forall x \neq O_{n\times 1}$$

のとき、正方行列 A を準正定行列といい、$A \geq O_{n\times n}$ と書く。正定行列、準正定行列に対してつぎの定理が知られている。

定理 3.6 (1) n 次対称行列 A が正定行列であるための必要十分条件は、A のすべての固有値が正であることである。n 次対称行列 A が準正定行列であるための必要十分条件は、A のすべての固有値が非負であることである。

(2) n 次対称行列 A が正定行列であるための必要十分条件は、A のすべての主座小行列式が正であることである。すなわち

$$a_{11} > 0,\ \det\begin{bmatrix} a_{11} & a_{12} \\ a_{12} & a_{22} \end{bmatrix} > 0,\ \det\begin{bmatrix} a_{11} & a_{12} & a_{13} \\ a_{12} & a_{22} & a_{23} \\ a_{13} & a_{23} & a_{33} \end{bmatrix} > 0$$
$$\cdots, \det A > 0 \tag{3.21}$$

(3) n 次対称行列 A が準正定行列であるための必要十分条件は、A のすべての主小行列式が非負であることである。すなわち

$$\det\begin{bmatrix} a_{i_1i_1} & a_{i_1i_2} & \cdots & a_{i_1i_k} \\ a_{i_1i_2} & a_{i_2i_2} & \cdots & a_{i_2i_k} \\ \vdots & \cdots & \cdots & \vdots \\ a_{i_1i_k} & a_{i_2i_k} & \cdots & a_{i_ki_k} \end{bmatrix} \geq 0$$

$$1 \leq i_1 < i_2 < \cdots < i_k \leq n,\ k = 1, \cdots, n$$

上記 (2) および (3) の判定条件をシルベスターの判定条件という。 ■

（注意）準正定行列の判定は (3.21) 式で不等号 $>$ を $\geq$ に置き換えたものではないことに注意する。

n 次正方行列 A が正定あるいは準正定行列の場合、n 次直交行列 T が存在して

$$A = T \begin{bmatrix} \lambda_1 & & O \\ & \ddots & \\ O & & \lambda_n \end{bmatrix} T^T,\ \ \lambda_i \geq 0\ \ (i = 1, \cdots, n) \tag{3.22}$$

と書ける。ここで $\Lambda = \mathrm{diag}\{\sqrt{\lambda_1}, \cdots, \sqrt{\lambda_{\mathrm{n}}}\}$ とおけば、(3.22) 式は

$$A = T\Lambda T^T T\Lambda T^T = S^2$$

と書ける。この $S = T\Lambda T^T$ を n 次正方行列 A の平方根行列という。

3.3 ベクトルと行列のノルム

3.3.1 ベクトルのノルム

二次元ベクトルの大きさはピタゴラスの定理を用いて計算される絶対値で表される。一方、現代制御理論では n 次元ベクトルの大きさを測る手段として以下のスカラ量を定義する。

定義 3.6 n 次元ベクトル空間の元 x, y に対して、つぎの三つの性質を満たす負でない値をとる対応 $\|\ \|$ をベクトルのノルムという。

(1) $\|x\| \geq 0$、ただし、$\|x\| = 0$ は $x = 0$ の場合に限る

(2) $\|\alpha x\| = \alpha \|x\|$、ただし、$\alpha$ はスカラ

(3) $\|x + y\| \leq \|x\| + \|y\|$

■

〔例〕 $x \in R^n$ に対するノルムとして、つぎの三つのノルムが知られている。

$$\|x\|_2 = \sqrt{\sum_{i=1}^{n} x_i^2}$$

$$\|x\|_1 = \sum_{i=1}^{n} |x_i|$$

$$\|x\|_\infty = \max_i |x_i|$$

$\|x\|_2$ を2ノルム、$\|x\|_1$ を1ノルムおよび $\|x\|_\infty$ を無限大ノルムという。

3.3.2 行列のノルム

制御工学においては、ベクトルだけではなく、行列の大きさを測る手段も必要となる場合がある。このため、ここで行列のノルムについて記す。

定義 3.7 n 次正方行列 A に対して、つぎの四つの性質を満たす負でない値をとる対応 $\| \ \|$ を正方行列のノルムという。

(1) $\|A\| \geq 0$、ただし、$\|A\| = 0$ は $A = O_{n\times n}$ の場合に限る

(2) $\|\alpha A\| = \alpha\|A\|$、ただし、$\alpha$ はスカラ

(3) $\|A + B\| \leq \|A\| + \|B\|$

(4) $\|AB\| \leq \|A\|\|B\|$

■

〔例〕 $A = [a_{ij}] \in R^{n\times n}$ に対するノルムとして、以下のノルムが知られている。

$$\|A\|_2 = \sqrt{\sum_{i=1}^{n}\sum_{j=1}^{n} a_{ij}^2} = \sqrt{\mathrm{trace}(A^T A)}$$

$$\|A\|_1 = \sum_{i=1}^{n}\sum_{j=1}^{n} |a_{ij}|$$

$$\|A\|_\infty = n \max_{i,j} |a_{ij}|$$

（注意）ここで、trace A は任意の n 次正方行列 A に対して、そのすべての対角要素の和をとる演算をあらわす。これを行列 A のトレースと呼び

$$\mathrm{trace}\ A = \sum_{i=1}^{n} a_{ii} \tag{3.23}$$

と書く。任意の n 次正方行列 A, B とスカラー α に対して

(1) $\mathrm{trace}(\alpha A) = \alpha\, \mathrm{trace}\ A$

(2) $\mathrm{trace}(A + B) = \mathrm{trace}\ A + \mathrm{trace}\ B$
が成り立つことが容易にわかる。また、$A \in R^{n\times m}, B \in R^{m\times n}$ の場合

(3) $\mathrm{trace}(AB) = \mathrm{trace}(BA)$
となる。また、この関係を用いれば、二次形式の計算において、$x \in R^n, A \in^{n\times n}$ としたとき

(4) $x^T Ax = \mathrm{trace}(xx^T A) = \mathrm{trace}(Axx^T)$
が成り立つ。

制御工学や微分方程式論では、n 次正方行列 A とベクトル x の積で与えられるベクトル Ax の大きさを

$$\|Ax\| \le \|A\|\|x\| \tag{3.24}$$

によって見積もることが多い。このとき、$\|A\|$ は行列のノルム、$\|x\|$ はベクトルのノルムである。(3.24) 式が任意のベクトル x と n 次正方行列 A に対して成立するとき、その行列のノルムはベクトルのノルムと両立するという。両立する行列のノルムは、次式で定められ、ベクトルのノルムから誘導されたノルム、あるいは単に誘導ノルムと呼ばれる。

$$\|A\|_i = \max_{x\neq O_{n\times 1}} \frac{\|Ax\|}{\|x\|} = \max_{\|x\|=1} \|Ax\|$$

〔例〕$x \in R^n$ から誘導された $A = [a_{ij}] \in R^{n\times n}$ に対するノルムとして、以下

のノルムが知られている。

1. $\|x\|_1 = \sum_{i=1}^{n} |x_i|$ から誘導されたノルムは

$$\|A\|_{i1} = \max_j \sum_{i=1}^{n} |a_{ij}|$$

2. $\|x\|_2 = \sqrt{\sum_{i=1}^{n} x_i^2}$ から誘導されたノルムは

$$\|A\|_{i2} = \sqrt{\lambda_{\max}(A^T A)}$$

3. $\|x\|_\infty = \max_i |x_i|$ から誘導されたノルムは

$$\|A\|_{i\infty} = \max_i \sum_{j=1}^{n} |a_{ij}|$$

ここで、$\lambda_{\max}(A^T A)$ は行列 $A^T A$ の最大固有値を意味する。
(注意) 複素行列 $A \in C^{n \times m}$ に対して、その共役転置行列 $\bar{A}^T$ を A^* と書く。このとき、m 次正方行列 $A^* A$ の固有値 $\lambda(A^* A)$ は正または零である[4)]。したがって、$\mathrm{rank}A = r \leq \min\{n, m\}$ の場合、$A^* A$ の固有値を小さな値から番号を付けて、$0 < \lambda_1(A^* A) \leq \lambda_2(A^* A) \leq \cdots \leq \lambda_r(A^* A)$ と並べることができる。ここで、$\sigma_i(A) = \sqrt{\lambda_i(A^* A)}$ $(i = 1, \cdots, r)$ を行列 A の特異値という。とくに、最も大きな値の $\sqrt{\lambda_r(A^* A)}$ を最大特異値と呼び、$\overline{\sigma}(A)$ と書く。また、最も小さな値の $\sqrt{\lambda_1(A^* A)}$ を最小特異値と呼び、$\underline{\sigma}(A)$ と書く。実行列 $A \in R^{n \times m}$ の場合は $A^* = A^T$ とすればよい。したがって、先の例の誘導ノルム $\|A\|_{i2}$ は実行列 A の最大特異値である。すなわち $\|A\|_{i2} = \overline{\sigma}(A)$ である。

ベクトルや行列の大きさを測るノルムについて述べてきたが、ノルムの概念は関数（信号）の大きさを測るときにも用いることができる。たとえば、時間関数 $f(t)$ に対して

$$\|f\|_2 = \sqrt{\int_{-\infty}^{\infty} f(t)^2 dt}$$

$$\|f\|_1 = \int_{-\infty}^{\infty} |f(t)| dt$$
$$\|f\|_\infty = \sup_{t \in (-\infty, \infty)} |f(t)|$$

とすれば、いずれも定義 3.6 を満たす。これらを関数のノルムという。また、$f(t)$ がベクトル値関数 $f(t) = [f_1(t) \cdots f_n(t)]^T$ としても、そのノルムを

$$\|f\|_2 = \sqrt{\int_{-\infty}^{\infty} \sum_{i=1}^{n} f_i(t)^2 dt}$$
$$\|f\|_1 = \int_{-\infty}^{\infty} \sum_{i=1}^{n} |f_i(t)| dt$$
$$\|f\|_\infty = \max_i \sup_{t \in (-\infty, \infty)} |f_i(t)|$$

と定義することができる。関数のノルムにおいて、最大値が存在する場合は最小上界 sup ではなく最大値 max で定義してもよい。

3.4　練習問題

1. つぎの行列の行列式と逆行列を求めよ。

$$(1)\ \begin{bmatrix} 1 & 2 & 1 & 2 \\ 3 & 4 & 3 & 4 \\ 0 & 0 & 5 & 6 \\ 0 & 0 & 7 & 8 \end{bmatrix} \quad (2)\ \begin{bmatrix} -\frac{1}{\sqrt{2}} & \frac{1}{\sqrt{2}} & 1 \\ \frac{1}{\sqrt{2}} & -\frac{1}{\sqrt{2}} & 1 \\ 1 & 1 & 0 \end{bmatrix}$$

$$(3)\ \begin{bmatrix} \frac{1}{\sqrt{3}} & \frac{1}{\sqrt{3}} & -\frac{1}{\sqrt{3}} & 1 \\ \frac{1}{\sqrt{2}} & -\frac{1}{\sqrt{2}} & 0 & 1 \\ \frac{1}{\sqrt{6}} & \frac{1}{\sqrt{6}} & \frac{2}{\sqrt{6}} & -1 \\ 0 & 0 & 0 & 1 \end{bmatrix}$$

2. つぎの行列の固有値を求め、対角化せよ。

$$(1)\ \begin{bmatrix} -5 & -2 \\ 4 & 1 \end{bmatrix} \quad (2)\ \begin{bmatrix} 3 & 1 & 1 \\ 1 & 2 & 0 \\ 1 & 0 & 2 \end{bmatrix} \quad (3)\ \begin{bmatrix} 1 & 1 & 1 \\ 0 & 2 & 2 \\ 0 & 0 & 3 \end{bmatrix}$$

3. つぎの行列のジョルダン標準形を求めよ。

$$\begin{bmatrix} 3 & 1 & 2 \\ 0 & 3 & 1 \\ 0 & 0 & 3 \end{bmatrix}$$

4. ケーリ・ハミルトンの定理を用いて、つぎの行列 A の逆行列を求めよ。

$$A = \begin{bmatrix} -1 & 2 & 0 \\ 1 & 1 & 0 \\ 2 & -1 & 2 \end{bmatrix}$$

4章　状態空間表現

本章では、制御系の解析に必要な基本概念とシステムの数学的表現法について述べる。

4.1　状態変数

システムの時間発展を表現する手段として、常微分方程式、偏微分方程式およびその離散表現等、様々な数学的表現法が発展している。これらのシステムは、それぞれ重要ではあるが、本書では定数係数線形常微分方程式で表される時不変システムに限定して議論する。今後、このシステムを単に線形システムと記すことにする。線形システムとは、従属変数に関して一次の項のみしか現れないシステムをいい、工学的に重要なシステムの多くはこのシステムに属している。例として、以下のシステムを挙げる。

〔例 **4.1**〕ばね－質量－粘性系

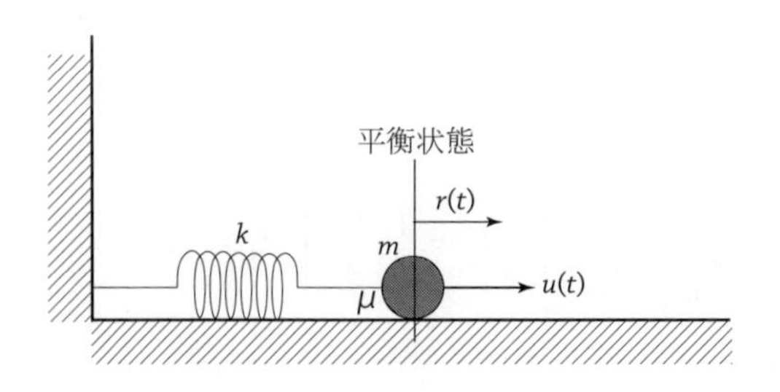

図 **4.1**　ばね－質量－粘性系

このシステムは、ばね定数 k のばねに結合された床面から、粘性摩擦力（摩

擦係数 μ) を受ける質量 m の質点の運動を示すものである。ここで、$r(t)$ はばねの平衡状態からの変位、$u(t)$ は質点に働く力である。この運動方程式は

$$m\frac{d^2r(t)}{dt^2}+\mu\frac{dr(t)}{dt}+kr(t)=u(t) \tag{4.1}$$

で表される。以後、このような常微分方程式は略記法 $dr(t)/dt=\dot{r}(t), d^2r(t)/dt^2=\ddot{r}(t)$ を用いて

$$m\ddot{r}(t)+\mu\dot{r}(t)+kr(t)=u(t)$$

と書くことにする。このシステムに対して、変位 $r(t)$ がセンサで観測されるとして、この値をシステムの観測出力 $y(t)$ とする。また、質点に働く力 $u(t)$ が図 4.1 に示すように操作された外力と考え、これを制御入力と呼ぶ。このように入出力を定義することによって、図 4.1 のシステムを一入力一出力の線形システムと呼ぶ。ここで、新たな変数として、$x_1(t)=r(t), x_2(t)=\dot{x}_1(t)(=\dot{r}(t))$ を定義して、(4.1) 式をつぎのように書き換えることができる。

$$\begin{aligned}\dot{x}_1(t)&=x_2(t)\\ \dot{x}_2(t)&=-\frac{k}{m}x_1(t)-\frac{\mu}{m}x_2(t)+\frac{1}{m}u(t)\\ y(t)&=x_1(t)\end{aligned} \tag{4.2}$$

ここで、$x(t)=[x_1(t)\ x_2(t)]^T$ として

$$A=\begin{bmatrix}0 & 1\\ -\frac{k}{m} & -\frac{\mu}{m}\end{bmatrix},\ B=\begin{bmatrix}0\\ \frac{1}{m}\end{bmatrix}, C=[1\ 0]$$

とおけば、(4.2) 式は

$$\begin{cases}\dot{x}(t)=Ax(t)+Bu(t)\\ y(t)=Cx(t)\end{cases} \tag{4.3}$$

と書くことができる。この変換は二階の常微分方程式を一階の二元連立常微分

方程式へ変換する操作であり、数値積分で微分方程式の解を求める場合の常套手段となっている。このようなシステムでは、任意の時刻 t_0 で定義される初期条件 $x_1(t_0), x_2(t_0)$ の値が決まれば、制御入力 $u(t) = 0 (t \geq t_0)$ のとき、それ以降のシステムの挙動は一意に定まる。一般に、n 階の常微分方程式は初期条件の数に等しい数の変数を用いて一階の n 元連立常微分方程式へ変換することができる。この初期条件の数に等しい数の変数 $x_1(t), x_2(t), \cdots, x_n(t)$ を状態変数あるいは状態という。すなわち、状態変数とは、任意の時刻 t_0 で定義でき、$u(t) = 0 (t \geq t_0)$ としたとき、その時刻以降のシステムの挙動を一意に規定する変数の組と定義される。状態変数を用いて記述される方程式 (4.3) 式を状態方程式という。行列 A をシステム行列、行列 B を入力行列、行列 C を出力行列、そしてこれらを総称してパラメータ行列という。また、状態変数が定められるベクトル空間を状態空間という。状態空間表現に基づく制御系設計理論を状態空間法と呼ぶこともある。

（注意）後に詳細に議論するが、状態変数の取り方は無数に存在することに留意する必要がある。

〔例題 **4.1**〕 つぎの常微分方程式を状態方程式へ変換せよ。

$$y^{(n)}(t) + a_{n-1}y^{(n-1)}(t) + \cdots + a_1\dot{y}(t) + a_0y(t) = u(t)$$

〔解答〕 $x_1(t) = y(t), x_2(t) = \dot{x}_1(t), \cdots, x_n(t) = \dot{x}_{n-1}(t)$ とおけば

$$\begin{aligned}
\dot{x}_1(t) &= x_2(t) \\
\dot{x}_2(t) &= x_3(t) \\
&\vdots \\
\dot{x}_n(t) &= -a_0x_1(t) - a_1x_2(t) - \cdots - a_{n-1}x_n(t) + u(t) \qquad (4.4) \\
y(t) &= x_1(t)
\end{aligned}$$

ここで、状態変数 $x(t) = [x_1(t)\ x_2(t)\ \cdots\ x_n(t)]^T$ として

$$A = \begin{bmatrix} 0 & 1 & 0 & & \cdots & 0 \\ \vdots & 0 & 1 & 0 & \cdots & 0 \\ \vdots & \vdots & 0 & 1 & \ddots & \vdots \\ \vdots & & & \ddots & \ddots & 0 \\ 0 & \cdots & & & 0 & 1 \\ -a_0 & -a_1 & \cdots & \cdots & \cdots & -a_{n-1} \end{bmatrix}, B = \begin{bmatrix} 0 \\ \vdots \\ 0 \\ 1 \end{bmatrix} \tag{4.5}$$

$$C = \begin{bmatrix} 1 & 0 & \cdots & \cdots & \cdots & 0 \end{bmatrix} \tag{4.6}$$

とおけば、(4.3) 式と同様の表現に書ける。3 章では、このシステム行列 A を同伴行列と呼んだ。この例題をさらに一般化したつぎの例題を考える。

〔**例題 4.2**〕 つぎの常微分方程式を状態方程式へ変換せよ。

$$\begin{aligned} &y^{(n)}(t) + a_{n-1}y^{(n-1)}(t) + \cdots + a_1\dot{y}(t) + a_0y(t) \\ &= b_m u^{(m)}(t) + b_{m-1}u^{(m-1)}(t) + \cdots + b_1\dot{u}(t) + b_0u(t) \end{aligned} \tag{4.7}$$

ただし、$n > m$ とする。

〔解答〕 $x_1(t)$ を状態変数の一つとして

$$x_1^{(n)}(t) + a_{n-1}x_1^{(n-1)}(t) + \cdots + a_1\dot{x}_1(t) + a_0x_1(t) = u(t) \tag{4.8}$$

を満たす変数とする。他の状態変数を $x_2(t) = \dot{x}_1(t), \cdots, x_n(t) = \dot{x}_{n-1}(t)$ とおけば

$$\begin{aligned} \dot{x}_1(t) &= x_2(t) \\ \dot{x}_2(t) &= x_3(t) \\ &\vdots \\ \dot{x}_n(t) &= -a_0x_1(t) - a_1x_2(t) - \cdots - a_{n-1}x_n(t) + u(t) \end{aligned} \tag{4.9}$$

となる。ここで、出力 $y(t)$ を

$$y(t) = b_0 x_1(t) + b_1 x_2(t) + \cdots + b_m x_{m+1}(t) \tag{4.10}$$

とおき、(4.7) 式の左辺に代入し、整理すれば

$$\begin{aligned} & y^{(n)}(t) + a_{n-1} y^{(n-1)}(t) + \cdots + a_1 \dot{y}(t) + a_0 y(t) \\ = & \ b_m x_{m+1}^{(n)}(t) + b_m a_{n-1} x_{m+1}^{(n-1)}(t) + \cdots + b_m a_1 \dot{x}_{m+1}(t) + b_m a_0 x_{m+1}(t) \\ + & \ b_{m-1} x_m^{(n)}(t) + b_{m-1} a_{n-1} x_m^{(n-1)}(t) + \cdots + b_{m-1} a_1 \dot{x}_m(t) + b_{m-1} a_0 x_m(t) \\ & \vdots \\ + & \ b_0 x_1^{(n)}(t) + b_0 a_{n-1} x_1^{(n-1)}(t) + \cdots + b_0 a_1 \dot{x}_1(t) + b_0 a_0 x_1(t) \end{aligned} \tag{4.11}$$

となる。ここで、(4.8) 式を微分し、(4.9) 式を用いて整理すれば、つぎの関係を得る。

$$\begin{aligned} & x_{i+1}^{(n)}(t) + a_{n-1} x_{i+1}^{(n-1)}(t) + \cdots + a_1 \dot{x}_{i+1}(t) + a_0 x_{i+1}(t) = u^{(i)}(t), \\ & i = 1, \cdots, m \end{aligned} \tag{4.12}$$

(4.12) 式を用いて、(4.11) 式の右辺を整理すれば

$$\begin{aligned} & y^{(n)}(t) + a_{n-1} y^{(n-1)}(t) + \cdots + a_1 \dot{y}(t) + a_0 y(t) \\ = & \ b_m u^{(m)}(t) + b_{m-1} u^{(m-1)}(t) + \cdots + b_1 \dot{u}(t) + b_0 u(t) \end{aligned}$$

を得る。したがって、状態変数 $x(t) = [x_1(t) \ x_2(t) \ \cdots \ x_n(t)]^T$ とおき、行列 A, B を (4.5) 式で与え

$$C = \begin{bmatrix} b_0 & b_1 & \cdots & b_m & O_{1 \times \{n-(m+1)\}} \end{bmatrix}$$

とすれば、(4.3) 式と同様の表現に書ける。

4.2 状態方程式の解

状態変数 $x(t) \in R^n$、制御入力 $u(t) \in R^m$、観測出力 $y(t) \in R^l$ とする m 入力 l 出力のシステムを考える。

$$\dot{x}(t) = Ax(t) + Bu(t) \tag{4.13}$$

$$y(t) = Cx(t) \tag{4.14}$$

(4.13) 式の解を求めるため、以下の定義を行なう。

定義 4.1 n 次正方行列 A に対して、つぎの無限級数を考える。

$$I_n + A + \frac{A^2}{2!} + \cdots + \frac{A^k}{k!} + \cdots \tag{4.15}$$

この無限級数は任意の正方行列に対して収束し、これを

$$e^A = I_n + A + \frac{A^2}{2!} + \cdots + \frac{A^k}{k!} + \cdots \tag{4.16}$$

と表す。e^A を行列 A の行列指数関数という。同様に、t を任意のスカラとして

$$e^{At} = I_n + At + \frac{A^2t^2}{2!} + \cdots + \frac{A^kt^k}{k!} + \cdots \tag{4.17}$$

と定義する。■

〔e^{At} の性質〕定義より、容易に以下の性質が導出される。ただし、t, t_1, t_2 は任意のスカラ、$A \in R^{n\times n}, B \in R^{n\times n}$ とする[4.1)]。

$$
\begin{aligned}
&(1) \quad e^{O_{n\times n}} = I_n \\
&(2) \quad \left(e^{At}\right)^{-1} = e^{-At} \\
&(3) \quad e^{A(t_1+t_2)} = e^{At_1}e^{At_2} \\
&(4) \quad \frac{de^{At}}{dt} = Ae^{At} = e^{At}A \\
&(5) \quad AB = BA \;\Rightarrow\; e^{A+B} = e^Ae^B \\
&(6) \quad AB \neq BA \;\Rightarrow\; e^{A+B} \neq e^Ae^B
\end{aligned}
$$

定理 4.1 初期条件を $x(0)$ としたとき、*(4.13)* 式の一般解は次式で与えられる。

4.1) 本書では、行列指数関数 e^A は実行列 A に対して定義しているが、複素行列に対しても同様に定義できる。

$$x(t) = e^{At}x(0) + \int_0^t e^{A(t-\tau)}Bu(\tau)d\tau \tag{4.18}$$

証明. (4.13) 式の一般解は斉次解と特解の和で求められる。斉次方程式は

$$\dot{x}(t) = Ax(t) \tag{4.19}$$

であるから

$$x(t) = e^{At}x(0) \tag{4.20}$$

が斉次解となる。これは (4.20) 式の両辺を微分すれば、e^{At} の微分の性質より

$$\dot{x}(t) = Ae^{At}x(0) = Ax(t)$$

となることから明らかである。特解を

$$x(t) = e^{At}v(t) \tag{4.21}$$

と仮定する。(4.21) 式は (4.13) 式を満たすことから

$$\begin{aligned} \dot{x}(t) &= Ae^{At}v(t) + e^{At}\dot{v}(t) \\ &= Ax(t) + e^{At}\dot{v}(t) \qquad (4.22) \\ &= Ax(t) + Bu(t) \qquad (4.23) \end{aligned}$$

となる。ここで、(4.22) 式と (4.23) 式より

$$\dot{v}(t) = e^{-At}Bu(t)$$

が成り立つ。これより

$$v(t) = \int_0^t e^{-A\tau}Bu(\tau)d\tau$$

となる。これを (4.21) 式に代入すれば、特解は

$$x(t) = \int_0^t e^{A(t-\tau)} Bu(\tau) d\tau$$

となる。したがって (4.13) 式の一般解は

$$x(t) = e^{At} x(0) + \int_0^t e^{A(t-\tau)} Bu(\tau) d\tau$$

で与えられる。 ■

状態方程式の解が (4.18) 式で与えられることは分ったが、(4.18) 式は形式的な解の表現になっているため、実際の解の計算においては e^{At} を求める必要がある。以下に e^{At} の求め方を示す。

〔e^{At} の求め方〕

(1) ラプラス変換を用いる方法

$$e^{At} = \mathcal{L}^{-1}[(sI_n - A)^{-1}] \tag{4.24}$$

証明.

$$x(t) = e^{At} x(0) \tag{4.25}$$

は、(4.19) 式の解である。一方、(4.19) 式の両辺をラプラス変換し、$X(s) = \mathcal{L}[x(t)]$ について解けば

$$X(s) = (sI_n - A)^{-1} x(0) \tag{4.26}$$

となる。解の一意性から、(4.26) 式のラプラス逆変換は (4.25) 式と等しい。したがって

$$e^{At} = \mathcal{L}^{-1}[(sI_n - A)^{-1}]$$

が成り立つ。 ■

〔例題 **4.3**〕 行列 A がつぎで与えられている。e^{At} を求めよ。

$$A = \begin{bmatrix} -2 & 1 \\ 1 & -2 \end{bmatrix}$$

〔解答〕公式 (4.24) 式を用いる。

$$(sI_2-A)^{-1} = \begin{bmatrix} s+2 & -1 \\ -1 & s+2 \end{bmatrix}^{-1} = \frac{1}{2}\begin{bmatrix} \frac{1}{s+1}+\frac{1}{s+3} & \frac{1}{s+1}-\frac{1}{s+3} \\ \frac{1}{s+1}-\frac{1}{s+3} & \frac{1}{s+1}+\frac{1}{s+3} \end{bmatrix}$$

であるから，各要素をラプラス逆変換すれば

$$e^{At} = \mathcal{L}^{-1}\left[(sI_2-A)^{-1}\right] = \frac{1}{2}\begin{bmatrix} e^{-t}+e^{-3t} & e^{-t}-e^{-3t} \\ e^{-t}-e^{-3t} & e^{-t}+e^{-3t} \end{bmatrix}$$

(2) 正則変換を用いる方法

行列 A が単純であれば、正則行列 T が存在して

$$\tilde{A} = T^{-1}AT = \mathrm{diag}\{\lambda_1 \ \cdots \ \lambda_n\}$$

となる。ここで、行列指数関数の定義 (4.17) 式より

$$\begin{aligned} e^{T^{-1}ATt} &= T^{-1}e^{At}T \\ e^{\tilde{A}t} &= \mathrm{diag}\{e^{\lambda_1 t} \ \cdots \ e^{\lambda_n t}\} \end{aligned}$$

であるから、

$$e^{At} = Te^{\tilde{A}t}T^{-1}$$

を用いて計算できる。一方、A が単純でない場合はジョルダン標準形 J へと変換される。したがって、(3.17) 式より

$$\begin{aligned} e^{At} &= Te^{Jt}T^{-1} \\ &= T\left[\begin{array}{c|c|c|c} e^{J_1(\lambda_1)t} & O & \cdots & O \\ \hline O & e^{J_2(\lambda_2)t} & O & \vdots \\ \hline \vdots & \cdots & \ddots & O \\ \hline O & \cdots & O & e^{J_m(\lambda_m)t} \end{array}\right]T^{-1} \end{aligned} \quad (4.27)$$

を計算すればよい。(4.27) 式は、つぎの関係を用いることで容易に計算できる。

定理 4.2 ジョルダンブロックの一つを

$$J(\lambda) = \begin{bmatrix} \lambda & 1 & & O \\ & \lambda & 1 & \\ & & \ddots & 1 \\ O & & & \lambda \end{bmatrix} \in R^{m \times m}$$

とする。このとき

$$e^{Jt} = e^{\lambda t} \begin{bmatrix} 1 & t & \frac{t^2}{2!} & \cdots & \frac{t^{m-1}}{(m-1)!} \\ & 1 & t & \ddots & \vdots \\ & & \ddots & \ddots & \frac{t^2}{2!} \\ & & & & t \\ O & & & & 1 \end{bmatrix} \tag{4.28}$$

である。

証明. ジョルダンブロックを 2 つの行列の和で表す。

$$\begin{aligned} J(\lambda) &= \begin{bmatrix} \lambda & & & O \\ & \lambda & & \\ & & \ddots & \\ O & & & \lambda \end{bmatrix} + \begin{bmatrix} 0 & 1 & & O \\ & 0 & \ddots & \\ & & \ddots & 1 \\ O & & & 0 \end{bmatrix} \\ &= \lambda I_m + N_m \end{aligned}$$

容易にわかるように $I_m N_m = N_m I_m$、すなわち I_m と N_m は可換である。したがって

$$e^{Jt} = e^{\lambda t} e^{N_m t}$$

と書ける。ここで、(4.17) 式より

$$e^{N_m t} = I_m + N_m t + \frac{N_m^2 t^2}{2!} + \cdots + \frac{N_m^k t^k}{k!} + \cdots$$

である。一方、N_m は $N_m^m = O_{m\times m}$ となるべき零行列であり

$$N_m^k = \begin{bmatrix} \overbrace{0 \quad \cdots \quad 1}^{k+1} & & O \\ & 0 & \ddots & \\ & & \ddots & 1 \\ & & & \ddots \\ O & & & 0 \end{bmatrix}$$

となる。これより

$$\begin{aligned} e^{N_m t} &= I_m + N_m t + \frac{N_m^2 t^2}{2!} + \cdots + \frac{N_m^{m-1} t^{m-1}}{(m-1)!} \\ &= \begin{bmatrix} 1 & t & \frac{t^2}{2!} & \cdots & \frac{t^{m-1}}{(m-1)!} \\ & 1 & t & \ddots & \vdots \\ & & \ddots & \ddots & \frac{t^2}{2!} \\ & & & \ddots & t \\ O & & & & 1 \end{bmatrix} \end{aligned}$$

■

となり、(4.28) 式が示される。

〔例題 **4.4**〕 行列 A がつぎで与えられている。e^{At} を求めよ。

$$A = \begin{bmatrix} 0 & 1 & 0 \\ 0 & 0 & 1 \\ 1 & -3 & 3 \end{bmatrix}$$

〔解答〕 固有値は 1 で重複度は 3 である。このとき

$$\text{rank}(I_3 - A) = \text{rank}\begin{bmatrix} 1 & -1 & 0 \\ 0 & 1 & -1 \\ -1 & 3 & -2 \end{bmatrix} = 3 - 1 = 2$$

であるから、独立な固有ベクトルは一つしかない。そこで、固有値1に対する固有ベクトル x_1 および、次式で求まる一般化固有ベクトル x_2, x_3 を求める。

$$\begin{aligned} Ax_1 &= x_1 \\ Ax_2 &= x_2 + x_1 \\ Ax_3 &= x_3 + x_2 \end{aligned}$$

これより

$$T = [x_1\ x_2\ x_3] = \begin{bmatrix} 1 & 0 & 0 \\ 1 & 1 & 0 \\ 1 & 2 & 1 \end{bmatrix}$$

となる。逆行列は

$$T^{-1} = \begin{bmatrix} 1 & 0 & 0 \\ -1 & 1 & 0 \\ 1 & -2 & 1 \end{bmatrix}$$

であるから

$$J = T^{-1}AT = \begin{bmatrix} 1 & 1 & 0 \\ 0 & 1 & 1 \\ 0 & 0 & 1 \end{bmatrix}$$

となる。e^{Jt} はジョルダンブロックの性質より

$$e^{Jt} = \begin{bmatrix} e^t & te^t & \frac{1}{2}t^2e^t \\ 0 & e^t & te^t \\ 0 & 0 & e^t \end{bmatrix}$$

となる。したがって、e^{At} は

$$\begin{aligned} e^{At} &= Te^{Jt}T^{-1} \\ &= \begin{bmatrix} e^t - te^t + \frac{1}{2}t^2e^t & te^t - t^2e^t & \frac{1}{2}t^2e^t \\ \frac{1}{2}t^2e^t & e^t - te^t - t^2e^t & te^t + \frac{1}{2}t^2e^t \\ te^t + \frac{1}{2}t^2e^t & -3te^t - t^2e^t & e^t + 2te^t + \frac{1}{2}t^2e^t \end{bmatrix} \end{aligned}$$

となる。

(3) ラグランジ・シルベスターの補間多項式を用いる方法

正方行列 A の関数 $f(A)$ を行列関数という。たとえば、ここで考えている行列指数関数 e^A や $\cos A$、$\sin A$ などである。同様に、スカラ変数 t を含んだ e^{At}、$\cos At$、$\sin At$ なども行列関数の例である。A の固有値 $\lambda_i (i = 1, \cdots, n)$ がすべて相異なるとき、$f(A)$ はラグランジ・シルベスターの補間多項式を用いて次式で表される。

$$f(A) = \sum_{k=1}^{n} f(\lambda_k) \prod_{j=1, j\neq k}^{n} \frac{A - \lambda_j I_n}{\lambda_k - \lambda_j} \tag{4.29}$$

この証明および行列 A に重複がある場合については、他の成書、たとえば参考文献 4) を参照のこと。

〔例題 **4.5**〕 行列 A が次で与えられている。e^{At} を求めよ。

$$A = \begin{bmatrix} -1 & 1 \\ 0 & -2 \end{bmatrix}$$

〔解答〕固有値は $\det(sI_2 - A) = (s+1)(s+2)$ より、$\lambda_1 = -1, \lambda_2 = -2$。固有値に重複がないため、(4.29) 式を用いることができる。

$$\begin{aligned} e^{At} &= e^{-t}\frac{A - \lambda_2 I}{\lambda_1 - \lambda_2} + e^{-2t}\frac{A - \lambda_1 I}{\lambda_2 - \lambda_1} \\ &= e^{-t}\begin{bmatrix} 1 & 1 \\ 0 & 0 \end{bmatrix} - e^{-2t}\begin{bmatrix} 0 & 1 \\ 0 & -1 \end{bmatrix} \end{aligned}$$

$$= \begin{bmatrix} e^{-t} & e^{-t} - e^{-2t} \\ 0 & e^{-2t} \end{bmatrix}$$

行列指数関数 e^{At} がわかれば、状態方程式 (4.13) の解は、(4.18) 式を用いて求めることができる。

〔例題 **4.6**〕 次式で与えられる状態方程式の解を求めよ。

$$\dot{x}(t) = \begin{bmatrix} -2 & 1 \\ 1 & -2 \end{bmatrix} x(t) + \begin{bmatrix} 1 \\ 0 \end{bmatrix} u(t)$$

$$x(0) = x_0 = \begin{bmatrix} 0 \\ 2 \end{bmatrix}, \quad u(t) = 1, t \geq 0$$

〔解答〕 e^{At} は例題 4.3 で求められている。これを用いて、(4.18) 式を計算すれば

$$\begin{aligned} x(t) &= e^{At}x_0 + \int_0^t e^{A(t-\tau)}Bu(\tau)d\tau = e^{At}\begin{bmatrix} 0 \\ 2 \end{bmatrix} + \int_0^t e^{A(t-\tau)}\begin{bmatrix} 1 \\ 0 \end{bmatrix} u(\tau)d\tau \\ &= \begin{bmatrix} e^{-t} - e^{-3t} \\ e^{-t} + e^{-3t} \end{bmatrix} + \frac{1}{2}\int_0^t \begin{bmatrix} e^{-(t-\tau)} + e^{-3(t-\tau)} \\ e^{-(t-\tau)} - e^{-3(t-\tau)} \end{bmatrix} d\tau \\ &= \begin{bmatrix} \frac{2}{3} + \frac{1}{2}e^{-t} - \frac{7}{6}e^{-3t} \\ \frac{1}{3} + \frac{1}{2}e^{-t} + \frac{7}{6}e^{-3t} \end{bmatrix} \end{aligned}$$

となる。

4.3 練習問題

1. つぎの行列の指数関数 e^{At} を求めよ。

$$(1)\ A = \begin{bmatrix} 3 & 1 & 1 \\ 1 & 2 & 0 \\ 1 & 0 & 2 \end{bmatrix} \quad (2)\ A = \begin{bmatrix} 1 & 1 & 1 \\ 0 & 2 & 2 \\ 0 & 0 & 3 \end{bmatrix} \quad (3)\ A = \begin{bmatrix} 3 & 1 & 2 \\ 0 & 3 & 1 \\ 0 & 0 & 3 \end{bmatrix}$$

2. 次式で与えられる状態方程式の解を求めよ。

$$\dot{x}(t) = \begin{bmatrix} -5 & -2 \\ 4 & 1 \end{bmatrix} x(t) + \begin{bmatrix} 1 \\ -1 \end{bmatrix} u(t)$$

$$x(0) = x_0 = \begin{bmatrix} 0 \\ 1 \end{bmatrix}, \quad u(t) = 1, t \geq 0$$

5章　伝達関数表現

4 章で用いたばね定数 k のばねで壁面と結ばれ、粘性摩擦力（摩擦係数 μ）を受ける質量 m の質点の運動を考える。$r(t)$ をばねの平衡状態の変位とし、質点に働く力 $u(t)$ を制御入力とすると、この運動方程式は

$$m\frac{d^2r(t)}{dt^2}+\mu\frac{dr(t)}{dt}+kr(t)=u(t) \tag{5.1}$$

で表される。このシステムに対して、$x_1(t)=r(t), x_2(t)=\dot{x}_1(t)(=\dot{r}(t))$、および観測出力 $y(t)=r(t)$ を定義し、状態方程式

$$\begin{aligned}\dot{x}_1(t) &= x_2(t)\\ \dot{x}_2(t) &= -\frac{k}{m}x_1(t)-\frac{\mu}{m}x_2(t)+\frac{1}{m}u(t)\\ y(t) &= x_1(t)\end{aligned} \tag{5.2}$$

を定義した。(5.1) 式と (5.2) 式は同一のシステムを異なる表現形式で表しているが、微分方程式でシステムの挙動を表現するという点では共通している。これに対して、本章では 2 章で定義したラプラス変換を用いて入出力関係を記述する方法について述べる。

5.1　伝達関数

制御入力 $u(t)$ のラプラス変換を $U(s)$、観測出力 $y(t)$ のラプラス変換を $Y(s)$ として、微分方程式 (5.1) 式を解くことを考える。(5.1) 式の両辺をラプラス変換すれば、$Y(s)$ について以下の式を得る。

$$Y(s)=\frac{1}{ms^2+\mu s+k}U(s)+\frac{m\{sy(0)+y^{(1)}(0)\}+\mu y(0)}{ms^2+\mu s+k} \tag{5.3}$$

制御入力 $U(s)$ が既知であれば、観測出力 $y(t)$ は (5.3) 式をラプラス逆変換す

れば求まる。ここで、初期条件を $y(0) = y^{(1)}(0) = 0$ とし

$$G(s) = \frac{1}{ms^2 + \mu s + k}$$

とおけば、(5.3) 式は

$$Y(s) = G(s)U(s) \tag{5.4}$$

と書ける。(5.4) 式は制御入力 $U(s)$ から観測出力 $Y(s)$ への $G(s)$ による線形写像を表している。このように、入力 $u(t)$ と出力 $y(t)$ の関係が定係数線形常微分方程式で表されるシステムに対して、すべての初期条件を 0 としたとき、制御入力 $U(s)$ から観測出力 $Y(s)$ への線形写像を規定する関数 $G(s)$ が得られる。この関数を伝達関数と呼ぶ。

（注意）伝達関数の定義 (5.4) 式より、制御入力 $u(t)$ が単位インパルス関数 $\delta(t)$ の場合、$U(s) = 1$ であるから、$Y(s) = G(s)$ である。すなわち、伝達関数は、インパルス入力が印加されたときのインパルス応答 $g(t)$ のラプラス変換である。また、(5.4) 式を逆変換すれば

$$y(t) = \int_0^t g(t-\tau)u(\tau)d\tau$$

であるから、システムの初期条件をすべて 0 にしたときの、システムの応答は、インパルス応答 $g(t)$ と制御入力 $u(t)$ のたたみ込み積分となることを示している。

システムによっては制御入力 $u(t)$ の微分が現れる場合もある。このとき、伝達関数を定義する場合、観測出力 $y(t)$ のみならず制御入力 $u(t)$ のすべての初期条件も 0 とする。以後、本書では、制御入力および観測出力の初期条件を総称して初期値と呼ぶことにする。

〔例題 **5.1**〕 つぎの一入力一出力システムの伝達関数を求めよ。

$$\begin{aligned} &y^{(n)}(t) + a_{n-1}y^{(n-1)}(t) + \cdots + a_1\dot{y}(t) + a_0 y(t) \\ &= b_m u^{(m)}(t) + b_{m-1}u^{(m-1)}(t) + \cdots + b_1\dot{u}(t) + b_0 u(t) \end{aligned} \tag{5.5}$$

〔解答〕すべての初期値を $y^{(n-1)}(0) = \cdots = y(0) = 0, u^{(m-1)}(0) = \cdots =$

$u(0)=0$ として、両辺をラプラス変換すれば

$$(s^n+a_{n-1}s^{n-1}+\cdots+a_1s+a_0)Y(s)=(b_ms^m+\cdots+b_1s+b_0)U(s)$$

となる。これより伝達関数

$$G(s)=\frac{b_ms^m+\cdots+b_1s+b_0}{s^n+a_{n-1}s^{n-1}+\cdots+a_1s+a_0} \tag{5.6}$$

を得る。

(5.6) 式は、分母多項式の次数 n で分子多項式の次数 m の有理関数となる。$n \geq m$ のとき、(5.6) 式で表される伝達関数をプロパーという。$n > m$ の場合は真にプロパーであるという。

一方、m 入力 l 出力システム

$$\begin{cases} \dot{x}(t) &= Ax(t)+Bu(t) \\ y(t) &= Cx(t) \end{cases} \tag{5.7}$$

に対して、初期条件 $x(0)=O_{n\times 1}$ として、ラプラス変換を施せば

$$sX(s)=AX(s)+BU(s),\ Y(s)=CX(s)$$

となる。

$$(sI_n-A)X(s)=BU(s)$$

を $X(s)$ について解き、$Y(s)=CX(s)$ に代入すれば

$$Y(s)=C(sI_n-A)^{-1}BU(s) \tag{5.8}$$

となる。したがって伝達関数 $G(s)$ は

$$G(s)=C(sI_n-A)^{-1}B \tag{5.9}$$

の $l\times m$ の有理関数行列となる。

(5.3) 式のシステムの場合、(5.2) 式において、

$$A = \begin{bmatrix} 0 & 1 \\ -\frac{k}{m} & -\frac{\mu}{m} \end{bmatrix},\ B = \begin{bmatrix} 0 \\ \frac{1}{m} \end{bmatrix}, C = [1\ 0]$$

とすれば、(5.8) 式より、(5.4) 式が得られる。このように、当然ながら、同一システムを表す (5.1) 式と (5.2) 式は入出力写像では同一表現となる。

（注意）後の制御系設計においては

$$\begin{cases} \dot{x}(t) &= Ax(t) + Bu(t) \\ y(t) &= Cx(t) + Du(t) \end{cases} \tag{5.10}$$

なるシステムを扱うことがある。制御入力が直接観測出力に現われるという意味で、$Du(t)$ を直達項と呼ぶ。このとき、伝達関数は

$$G(s) = C(sI_n - A)^{-1}B + D \tag{5.11}$$

となる。

状態方程式表現 (5.7) 式および (5.10) 式と、伝達関数表現 (5.9) 式および (5.11) 式を統一的に表現するため、$D \in R^{l\times m}$ を用いて

$$G(s) = \left[\begin{array}{c|c} A & B \\ \hline C & D \end{array}\right] \tag{5.12}$$

と記述する。ただし、(5.7) 式に対しては、$D = O_{l\times m}$ とする。(5.12) 式はドイルの記法と呼ばれ、後述の制御系設計においてしばしば用いられる。ここで、$A_1 \in R^{n_1\times n_1}, A_2 \in R^{n_2\times n_2}, B_1 \in R^{n_1\times m_1}, B_2 \in R^{n_2\times m_2}, C_1 \in R^{l_1\times n_1}, C_2 \in R^{l_2\times n_2}, D_1 \in R^{l_1\times m_1}, D_2 \in R^{l_2\times m_2}$ として

$$G_1(s) = \left[\begin{array}{c|c} A_1 & B_1 \\ \hline C_1 & D_1 \end{array}\right], G_2(s) = \left[\begin{array}{c|c} A_2 & B_2 \\ \hline C_2 & D_2 \end{array}\right]$$

とおけば、以下の公式が示される。

〔積〕 $m_1 = l_2$ の場合

$$G_1(s)G_2(s) = \left[\begin{array}{c|c} A_1 & B_1 \\ \hline C_1 & D_1 \end{array}\right]\left[\begin{array}{c|c} A_2 & B_2 \\ \hline C_2 & D_2 \end{array}\right] = \left[\begin{array}{cc|c} A_1 & B_1C_2 & B_1D_2 \\ O_{n_2\times n_1} & A_2 & B_2 \\ \hline C_1 & D_1C_2 & D_1D_2 \end{array}\right]$$

$$= \left[\begin{array}{cc|c} A_2 & O_{n_2\times n_1} & B_2 \\ B_1C_2 & A_1 & B_1D_2 \\ \hline D_1C_2 & C_1 & D_1D_2 \end{array}\right] \tag{5.13}$$

〔和〕 $m_1 = m_2, l_1 = l_2$ の場合

$$G_1(s) + G_2(s) = \left[\begin{array}{c|c} A_1 & B_1 \\ \hline C_1 & O_{l_1\times m_1} \end{array}\right] + \left[\begin{array}{c|c} A_2 & B_2 \\ \hline C_2 & O_{l_2\times m_2} \end{array}\right]$$

$$= \left[\begin{array}{cc|c} A_1 & O_{n_1\times n_2} & B_1 \\ O_{n_2\times n_1} & A_2 & B_2 \\ \hline C_1 & C_2 & D_1 + D_2 \end{array}\right] \tag{5.14}$$

〔逆〕 $\det D \neq 0$ の場合

$$G(s)^{-1} = \left[\begin{array}{c|c} A - BD^{-1}C & BD^{-1} \\ \hline -D^{-1}C & D^{-1} \end{array}\right] \tag{5.15}$$

を計算することができる。

本書で扱う一入力一出力システムの伝達関数の多くは (5.6) 式に示す有理関数となる。このようなシステムについて、以下の定義を与える。

定義 5.1　一入力一出力システムの伝達関数が (5.6) 式で与えられているとする。このとき、分母多項式 $= 0$

$$s^n + a_{n-1}s^{n-1} + \cdots + a_1 s + a_0 = 0$$

の解を極、分子多項式 $= 0$

$$b_m s^m + \cdots + b_1 s + b_0 = 0$$

の解を零点と呼ぶ。

（注意）一入力一出力システムの伝達関数が (5.8) 式で与えられている場合、極は

$$\det(sI_n - A) = 0 \tag{5.16}$$

の解であり、零点は

$$\mathrm{rank}\begin{bmatrix} A - sI_n & B \\ C & 0 \end{bmatrix} < n+1 \tag{5.17}$$

となる s のことである。ただし、直達項をもつ場合は

$$\mathrm{rank}\begin{bmatrix} A - sI_n & B \\ C & D \end{bmatrix} < n+1 \tag{5.18}$$

となる s のことである。いずれも定義 5.1 の零点と一致する（本章練習問題：問 1）。

一般の m 入力 l 出力システムの場合、(5.9) 式の伝達関数は l 行 m 列の有理関数行列となる。この場合、極の定義は一入力一出力システムと同じく (5.16) 式の解であるが、零点の定義は少し異なる。$(n+l)\times(n+m)$ 行列

$$P(s) = \begin{bmatrix} A - sI_n & B \\ C & O_{l\times m} \end{bmatrix} \tag{5.19}$$

に対して

$$\mathrm{rank}P(\lambda) < n + \min(l, m) \tag{5.20}$$

となる λ を不変零点と定義する。直達項がある場合は

$$P(s) = \begin{bmatrix} A - sI_n & B \\ C & D \end{bmatrix} \tag{5.21}$$

とおき、同様に (5.20) 式で定義する。

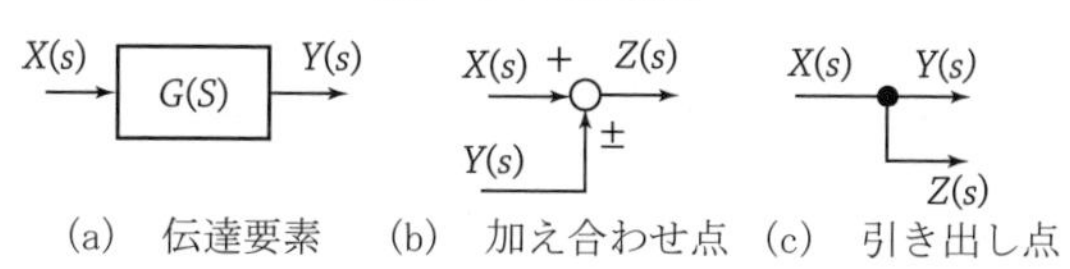

(a) 伝達要素 (b) 加え合わせ点 (c) 引き出し点

図 **5.1** ブロックﾞ線図の基本要素

5.2 ブロック線図

システムの情報の流れが図的に表現できれば、制御システムの設計に便利が良い場合がある。制御工学では、このような線図がいくつか提案されている。本書では、その中で最も利用されている情報の流れを表す線図であるブロック線図について記す。図 5.1 にブロック線図の基本要素を示す。ただし、煩雑さを避けるため、以後の記述では、複合同順を示す場合を除き、(b) の加え合わせ点の + 記号を省略する。伝達要素には伝達関数で記述される動的あるいは静的なシステムが入り、矢印によって制御入力と観測出力の関係

$$Y(s) = G(s)U(s)$$

が明示される。加え合わせ点は信号の加え合わせが

$$Z(s) = X(s) \pm Y(s)$$

となることが示される。引き出し点においては

$$X(s) = Y(s) = Z(s)$$

の関係となる。このように、ブロック線図はエネルギーの流れを表す電気回路図とは異なり、信号の流れを表す線図であることに留意する必要がある。制御システムは、複数の要素が結合した構成となっている場合が多い。このような場合、その全体を見通しよく整理する必要が生じる。このため、図 5.2 から図 5.6 に示す基本要素間の結合に関する法則を利用する。

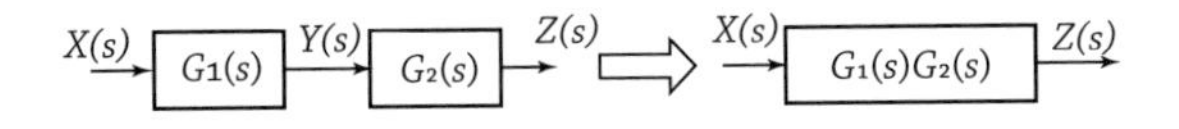

図 **5.2**　直列結合

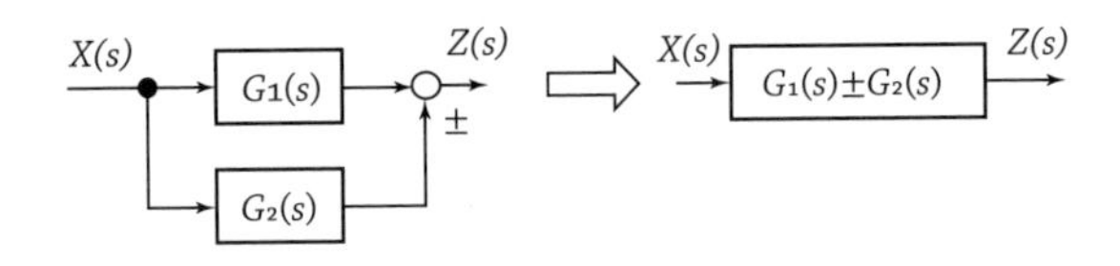

図 **5.3**　並列結合

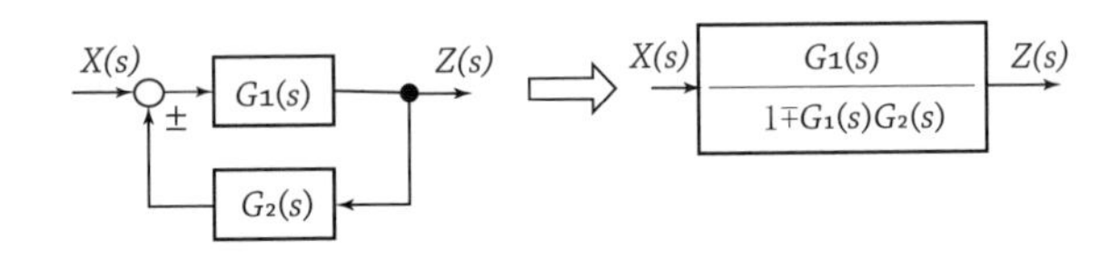

図 **5.4**　フィードバック結合

(注意) 基本要素間の結合法則は一入力一出力システムの場合に用いられる。一入力一出力システムでは伝達関数は有理関数であるため、伝達関数どうしの積の交換や割り算は可能である。一方、多入力多出力システムの伝達関数は有理関数行列となるため、伝達関数の積の交換や割り算はできない。たとえば、直列結合では $X(s)$ から $Z(s)$ までの伝達関数は $G_2(s)G_1(s)$、フィードバック結合では $G_1(s)[I_p \mp G_2(s)G_1(s)]^{-1}$ などとなり、図 5.2、図 5.4、図 5.5 および図 5.6 に示す結合法則は直接成り立たない。ここで、p は入力信号 $X(s)$ の次元を表す。

〔例題 **5.2**〕 図 5.7 のブロック線図を基本要素間の結合に関する法則を用いて変換し、$R(s)$ から $Y(s)$ までの伝達関数を求めよ。

〔解答〕 図 5.8 の最上段では、伝達要素と引き出し点の交換を行い、フィードバック要素 $H_2(s)/G_4(s)$ を構成した。つぎに、$H_1(s)$ によるフィードバックに結合法則を用い、$H_2(s)/G_4(s)$ によるフィードバックに結合法則を用いた。最

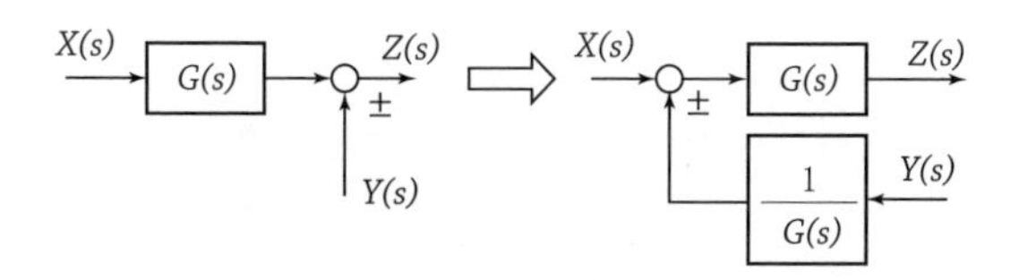

図 **5.5**　伝達要素と加え合わせ点の交換

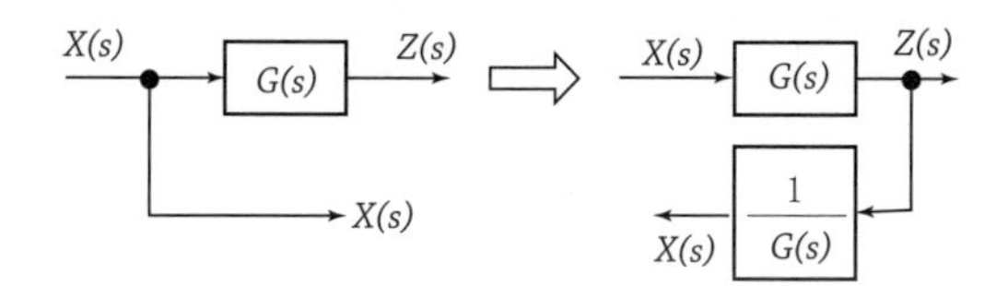

図 **5.6**　伝達要素と引き出し点の交換

終段において、$H_3(s)$ によるフィードバックに結合法則を用いて、$R(s)$ から $Y(s)$ までの伝達関数をつぎのように求めることができる。

$$G(s) = \frac{G_1(s)G_2(s)G_3(s)G_4(s)}{1 - H_1(s)G_3(s)G_4(s) + H_2(s)G_2(s)G_3(s) + H_3(s)G_1(s)G_2(s)G_3(s)G_4(s)}$$

ただし、一入力一出力システムであるから、伝達関数の積の順序の入れ替えは自由である。

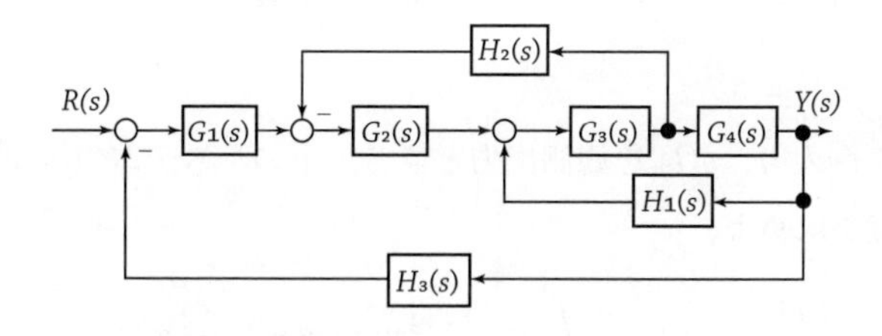

図 **5.7**　複雑なフィードバックシステム

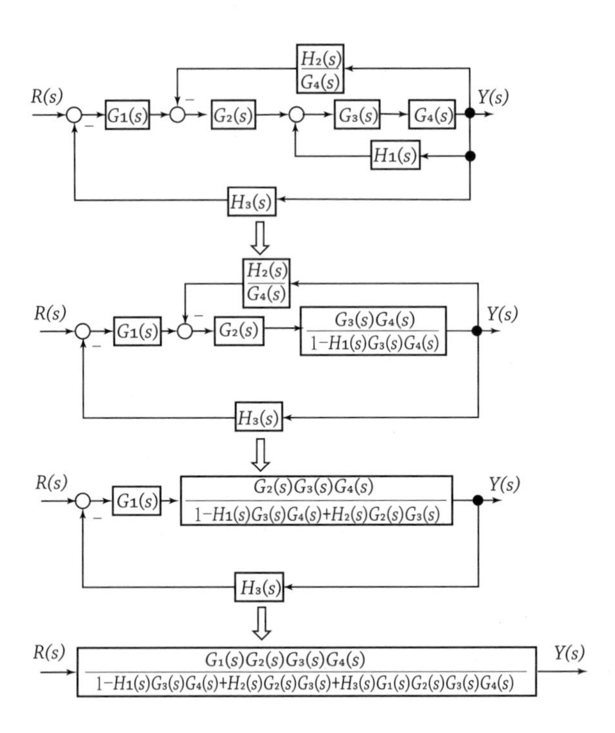

図 **5.8**　基本要素の結合法則による整理

5.3　練習問題

1. 一入力一出力システムの場合、不変零点は定義 5.1 の零点と一致することを示せ。

2. $u(t)$ を制御入力、$y(t)$ を観測出力とする以下のシステムの伝達関数および極と零点を求めよ。

$$\frac{dy(t)}{dt} + 2y(t) = \int_0^t e^{-(t-\tau)} u(\tau) \cos 2(t-\tau) d\tau$$

3. 図 5.9 に示す一入力一出力システムの入力 $R(s)$ から出力 $Y(s)$ までの伝達関数を求めよ。

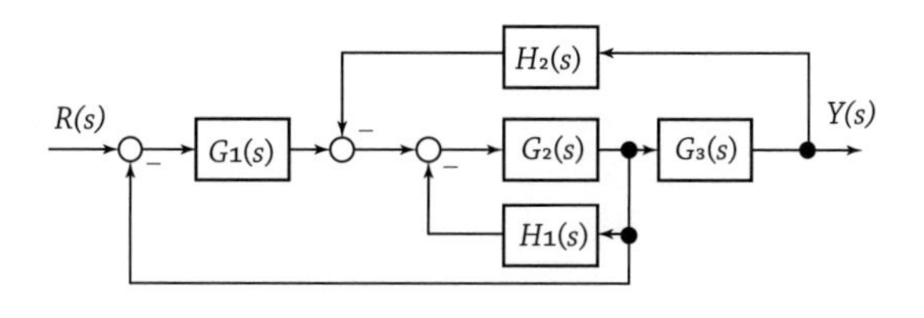

図 **5.9**　ブロック線図

6章　状態空間の性質

本章では、つぎのシステムの状態空間上の基礎的概念について述べる。

$$\begin{cases} \dot{x}(t) &= Ax(t) + Bu(t) \\ y(t) &= Cx(t) \end{cases} \tag{6.1}$$

ただし、$x(t) \in R^n, u(t) \in R^m, y(t) \in R^l$ とする。

6.1　可制御性

可制御性とは、制御入力を操作することで状態変数を自由に動かせる性質のことであり、以下で定義される。

定義 6.1　任意の初期状態 $x(0) = x_0$ から出発して、有限な時刻 s において、システムの状態を $O_{n\times 1}$ とする有界な制御入力 $u(t)$ $(0 \leq t \leq s)$ が存在するとき、システム (6.1) は可制御であるという。あるいは、簡単に対 (A, B) は可制御であるという。そうでないとき、不可制御であるという。

この定義の意味を状態 $x(t) = [x_1(t)\ x_2(t)]^T$ をもつ二つのシステム S_1, S_2 で考える。

$$S_1 \quad \left\{ \dot{x}(t) = \begin{bmatrix} 0 & 1 \\ 0 & -1 \end{bmatrix} x(t) + \begin{bmatrix} -1 \\ 1 \end{bmatrix} u(t) \right.$$

$$S_2 \quad \left\{ \dot{x}(t) = \begin{bmatrix} 0 & 1 \\ 0 & 0 \end{bmatrix} x(t) + \begin{bmatrix} 0 \\ 1 \end{bmatrix} u(t) \right.$$

S_1 の両辺に左から行列 $[1\ 1]$ をかけると $\dot{x}_1(t) + \dot{x}_2(t) = 0$ を得る。これは、積分すれば、$x_1(t) + x_2(t) = c$ となる。c は初期状態によって定まる定数であるため、$c = x_1(0) + x_2(0)$ とする。このため、システム S_1 の状態 $x_1(t)$ と $x_2(t)$ は直線 $x_1(t) + x_2(t) = c$ 上を動くことしかできない。たとえば、$c = 0$ の場合、

状態は $x_1(t)+x_2(t)=0$ となる直線上を動くため、S_1 は $x_2(t)=-x_1(t)$ を用いて

$$\dot{x}_1(t)=-x_1(t)-u(t)$$

を解けばよい。この解は、形式的に

$$x_1(t)=e^{-t}x_1(0)-\int_0^t e^{-(t-\tau)}u(\tau)d\tau$$

と書ける。このとき、制御入力

$$u(t)=\frac{2}{e^{2s}-1}x_1(0)e^t,\ 0\leq t\leq s \tag{6.2}$$

によって s 時刻後に状態は $[x_1(s)\ x_2(s)]^T=O_{2\times1}$ となるが、初期状態が $c\neq0$ の場合、すなわち $x_1(0)+x_2(0)=c$ となる場合、状態は $x_1(t)+x_2(t)=c$ 上を動くため、いかなる制御入力を用いても状態を $[x_1(s)\ x_2(s)]^T=O_{2\times1}$ とすることはできない。

一方、S_2 は任意の初期状態 $[x_1(0)\ x_2(0)]^T$ に対して、制御入力

$$u(t)=\begin{bmatrix}-t & 1\end{bmatrix}\begin{bmatrix}\frac{12}{s^3} & \frac{6}{s^2}\\ \frac{6}{s^2} & \frac{4}{s}\end{bmatrix}\begin{bmatrix}-x_1(0)\\ -x_2(0)\end{bmatrix},\ 0\leq t\leq s \tag{6.3}$$

によって、任意の s 時刻後の状態を $[x_1(s)\ x_2(s)]^T=O_{2\times1}$ とすることができる。すなわち、システム S_2 は可制御である。なお、(6.2) 式および (6.3) 式の導出については、以下の定理 6.1 の証明を用いればよい。

システムが可制御であるかどうかの判定条件は次で与えられる。

定理 6.1　対 (A,B) が可制御であるための必要十分条件は

$$\mathrm{rank}U_c=n \tag{6.4}$$

となることである。ただし、U_c は

$$U_c=\begin{bmatrix}B & AB & A^2B & \cdots & A^{n-1}B\end{bmatrix}$$

であり、可制御性行列と呼ばれる。 ■

この定理の証明には、つぎの補題が用いられる。

補題 **6.1**

$$\mathrm{rank} U_c = n$$

ならば、任意の $s > 0$ に対して

$$\det W_s \neq 0$$

となることである。ただし、W_s は

$$W_s = \int_0^s e^{-A\tau} B B^T e^{-A^T \tau} d\tau$$

であり、可制御性グラム行列と呼ばれる。

まず、補題の証明を行なう。

証明. 対偶による証明（対偶証明）を行なう。ある s が存在して $\det W_s = 0$ となるとする。このとき、$W_s a = O_{n\times 1}$ を満たす零でない n 次元ベクトル a が存在する。このとき

$$a^T W_s a = \int_0^s a^T e^{-A\tau} B B^T e^{-A^T \tau} a d\tau = 0$$

が成り立つ。ここで、$\eta(\tau) = B^T e^{-A^T \tau} a$ とおくと、上の関係は

$$a^T W_s a = \int_0^s \| \eta(\tau) \|_2^2 \, d\tau = 0$$

となる。これより、$\eta(\tau) \equiv O_{m\times 1}$ $(0 \leq \tau \leq s)$ であり、また

$$\frac{d^i \eta(\tau)}{d\tau^i} = (-1)^i B^T (A^T)^i e^{-A^T \tau} a = O_{m\times 1}, \ 0 \leq \tau \leq s, \ \ i = 1, 2, ...$$

でなければならない。$\tau = 0$ のときも成立するので、$B^T a = B^T A^T a = B^T (A^T)^2 = \cdots = B^T (A^T)^{n-1} a = O_{m\times 1}$ である。これを書き直せば

$$\begin{bmatrix} B^T \\ B^T A^T \\ B^T (A^T)^2 \\ \vdots \\ B^T (A^T)^{n-1} \end{bmatrix} a = U_c^T a = O_{nm\times 1}$$

となる。$a \neq O_{n\times 1}$ であるから、rank$U_c < n$ である。これより

$$\mathrm{rank} U_c = n \ \Rightarrow \ \det W_s \neq 0, \ \forall s > 0$$

となることが示された。 ■

つぎに、定理 6.1 の証明を行なう。

証明. 必要性：対 (A, B) は可制御であることから、任意の初期状態 $x(0) = x_0$ に対して

$$O_{n\times 1} = e^{As} x_0 + \int_0^s e^{A(s-\tau)} B u(\tau) d\tau$$

とする有限時間 s と有界な制御入力 $u(t)$ $(0 < t \leq s)$ が存在する。ここで両辺に e^{-As} を左からかけて、整理すれば

$$-x_0 = \int_0^s e^{-A\tau} B u(\tau) d\tau \tag{6.5}$$

となる。$e^{-A\tau}$ を行列指数関数の定義を用いて展開すれば

$$\begin{aligned} e^{-A\tau} &= I_n - A\tau + \frac{A^2\tau^2}{2!} - \cdots + (-1)^n \frac{A^n \tau^n}{n!} + \cdots \\ &= q_0(\tau) I_n + q_1(\tau) A + \cdots + q_{n-1}(\tau) A^{n-1} = \sum_{i=0}^{n-1} q_i(\tau) A^i \end{aligned}$$

を得る。ここで、行列 A の n 次以上のべき乗はケーリー・ハミルトンの定理を繰り返し用いることで、$n-1$ 次以下のべき乗になることを用いた。ただし、$q_i(\tau)$ は τ の無限次の多項式である。この展開を (6.5) 式の右辺に代入すれば

$$
\begin{aligned}
-x_0 &= B\int_0^s q_0 u(\tau)d\tau + AB\int_0^s q_1 u(\tau)d\tau + \cdots + A^{n-1}B\int_0^s q_{n-1}u(\tau)d\tau \\
&= \begin{bmatrix} B & AB & A^2B & \cdots & A^{n-1}B \end{bmatrix} \begin{bmatrix} h_0(s) \\ h_1(s) \\ \vdots \\ h_{n-1}(s) \end{bmatrix} = U_c\mathcal{H}(s)
\end{aligned}
$$

となる。ただし

$$
\begin{aligned}
h_i(s) &= \int_0^s q_i u(\tau)d\tau \in R^m \\
\mathcal{H}(s) &= \begin{bmatrix} h_0(s)^T & h_1(s)^T & \cdots & h_{n-1}(s)^T \end{bmatrix}^T \in R^{nm}
\end{aligned}
$$

とした。ここで、任意の $x_0 \in R^n$ に対して、$-x_0 = U_c\mathcal{H}(s)$ とする $\mathcal{H}(s) \in R^{nm}$ が存在するためには $\mathrm{rank}U_c = n$ でなければならない。よって、対 (A, B) が可制御となるためには $\mathrm{rank}U_c = n$ が必要となる。

十分性：$\mathrm{rank}U_c = n$ であるから、補題 6.1 より、任意の s に対して、$\det W_s \neq 0$ であるから、制御入力 $u(t)$ を

$$
u(t) = B^T e^{-A^T t} W_s^{-1}[-x_0]
$$

とすれば

$$
\begin{aligned}
x(s) &= e^{As}x_0 + \int_0^s e^{A(s-\tau)}Bu(\tau)d\tau \\
&= e^{As}x_0 + \int_0^s e^{A(s-\tau)}BB^T e^{-A^T\tau}W_s^{-1}[-x_0]d\tau \\
&= e^{As}x_0 + e^{As}\int_0^s e^{-A\tau}BB^T e^{-A^T\tau}d\tau W_s^{-1}[-x_0] \\
&= e^{As}x_0 + e^{As}W_s W_s^{-1}[-x_0] \\
&= e^{As}x_0 - e^{As}x_0 = O_{n\times 1}
\end{aligned}
$$

となり、任意の $x_0 \in R^n$ に対して、$x(s) = O_{n\times 1}$ とする有限時間 s と有界な制

御入力 $u(t)$ $(0 < t \leq s)$ が存在する。これより $\mathrm{rank} U_c = n$ が十分となる。 ■

〔例題 **6.1**〕 つぎのシステムの可制御性を調べよ。

$$(1)\quad A = \begin{bmatrix} 1 & 2 & 1 \\ -1 & 4 & 1 \\ 2 & -4 & 0 \end{bmatrix}, \quad B = \begin{bmatrix} 2 \\ 3 \\ -4 \end{bmatrix}$$

$$(2)\quad A = \begin{bmatrix} 2 & 0 & -1 \\ 3 & -1 & -1 \\ 2 & -1 & 1 \end{bmatrix}, \quad B = \begin{bmatrix} 1 & 1 \\ 0 & 2 \\ 0 & 1 \end{bmatrix}$$

〔解答〕

(1) 可制御性行列をつくる。

$$AB = \begin{bmatrix} 4 \\ 6 \\ -8 \end{bmatrix}, \quad A^2B = \begin{bmatrix} 8 \\ 12 \\ -16 \end{bmatrix}$$

であるから

$$U_c = [B \ \ AB \ \ A^2B] = \begin{bmatrix} 2 & 4 & 8 \\ 3 & 6 & 12 \\ -4 & -8 & -16 \end{bmatrix}$$

となり、$\det U_c = 0$ であるから、システム (1) は不可制御である。

(2) 可制御性行列をつくる。

$$AB = \begin{bmatrix} 2 & 1 \\ 3 & 0 \\ 2 & 1 \end{bmatrix}, \quad A^2B = \begin{bmatrix} 2 & 1 \\ 1 & 2 \\ 3 & 3 \end{bmatrix}$$

であるから

$$\mathrm{rank} U_c = \mathrm{rank}[B \ \ AB \ \ A^2B] = \mathrm{rank} \begin{bmatrix} 1 & 1 & 2 & 1 & 2 & 1 \\ 0 & 2 & 3 & 0 & 1 & 2 \\ 0 & 1 & 2 & 1 & 3 & 3 \end{bmatrix} = 3$$

となり、システム (2) は可制御である。

可制御性の判定条件としては、定理 6.1 を包含するつぎの定理が知られている。

定理 6.2 以下の四つの命題は互いに等価である。

(1) 対 (A, B) は可制御である。

(2) $\mathrm{rank} U_c = n$

(3) 任意の複素数 λ に対して、$\mathrm{rank}[\lambda I_n - A\ B] = n$

(4) $A+BK$ が任意に指定した対称な n 個の複素数の集合[6.1] $\Lambda = \{\lambda_1, \cdots, \lambda_n\}$ を固有値としてもつような行列 $K \in R^{m \times n}$ が存在する。 ■

証明は参考文献 7) を参照のこと。

6.2 可制御標準形

正則行列 T を用いて $z(t) = T^{-1}x(t)$ として新たな状態変数 $z(t)$ を定義することができる。このとき、状態変数 $z(t)$ の状態方程式は

$$\begin{cases} \dot{z}(t) = \tilde{A}z(t) + \tilde{B}u(t) \\ y(t) = \tilde{C}z(t) \end{cases} \tag{6.6}$$

と書ける。(6.6) 式は、状態変数 x の座標変換によって得られた状態方程式であり、つぎの定義が与えられる。

定義 6.2 (6.1) 式の状態方程式で記述されるシステムに対して、正則行列 T を用いた座標変換 $z(t) = T^{-1}x(t)$ を施した (6.6) 式で記述されるシステムが得られる。このとき、この二つのシステムは相似であるという。 ■

正則行列を用いた状態変数の変換は、同じシステムに対して状態変数の取り方を変えたシステムと考えることができる。この変換は無数に作ることができるため、状態変数の取り方は無数に存在することになる。状態変数を適切に選

[6.1] 複素数の集合 $\Lambda = \{\lambda_1, \cdots, \lambda_n\}$ が、複素数 λ_i を含めば、必ずその複素共役 $\bar{\lambda}_i$ を含むとき、Λ を対称な集合という。

ぶことによって、システムの表現をシステム固有の表現で表すことができる。行列 A の特性多項式を

$$\det(sI_n - A) = s^n + a_{n-1}s^{n-1} + \cdots + a_1 s + a_0$$

とする。このとき、以下の定理が成り立つ。

定理 6.3　(6.1) 式は一入力システムであるとする。このとき、対 (A, B) が可制御ならば、システム (6.1) はつぎのシステムに相似である。

$$\begin{cases} \dot{z}(t) = A_c z(t) + B_c u(t) \\ y(t) = C_c z(t) \end{cases} \tag{6.7}$$

ただし

$$A_c = \begin{bmatrix} 0 & 1 & 0 & & \cdots & 0 \\ \vdots & 0 & 1 & 0 & \cdots & 0 \\ \vdots & \vdots & 0 & 1 & \ddots & \vdots \\ \vdots & & & \ddots & \ddots & 0 \\ 0 & \cdots & & & 0 & 1 \\ -a_0 & -a_1 & \cdots & \cdots & \cdots & -a_{n-1} \end{bmatrix},\ B_c = \begin{bmatrix} 0 \\ 0 \\ \vdots \\ \vdots \\ 0 \\ 1 \end{bmatrix}$$

$$C_c = \begin{bmatrix} c_{c1} & c_{c2} & \cdots & \cdots & \cdots & c_{cn} \end{bmatrix}$$

である。この行列 A_c, B_c を可制御標準形という。

証明. $T_c = U_c W$ とおき、座標変換 $z(t) = T_c^{-1}x(t)$ を施す。ただし

$$W = \begin{bmatrix} a_1 & a_2 & \cdots & & a_{n-1} & 1 \\ a_2 & a_3 & \cdots & a_{n-1} & 1 & 0 \\ \vdots & \vdots & \cdot & 1 & \cdot & \vdots \\ \vdots & a_{n-1} & \cdot & \cdot & & \vdots \\ a_{n-1} & 1 & \cdot & & & \vdots \\ 1 & 0 & \cdots & \cdots & \cdots & 0 \end{bmatrix}$$

である。対 (A,B) が可制御であるから、$T_c = U_c W$ は正則行列であることがわかる。この座標変換に対して、$\tilde{A},\tilde{B}$ および $\hat{A},\hat{B}$ を以下のように定義する。

$$\tilde{A} = T_c^{-1} A T_c = W^{-1} U_c^{-1} A U_c W = W^{-1} \hat{A} W$$
$$\tilde{B} = T_c^{-1} B = W^{-1} U_c^{-1} B = W^{-1} \hat{B}$$

まず、$AU_c = U_c \hat{A}$ の関係を用いて $\hat{A}$ を求める。

$$\begin{aligned} AU_c &= A \begin{bmatrix} B & AB & \cdots & A^{n-1}B \end{bmatrix} = \begin{bmatrix} AB & A^2B & \cdots & A^nB \end{bmatrix} \\ &= \begin{bmatrix} B & AB & \cdots & A^{n-1}B \end{bmatrix} \begin{bmatrix} 0 & 0 & & \cdots & & -a_0 \\ 1 & 0 & & \cdots & & -a_1 \\ 0 & 1 & 0 & \cdots & \ddots & -a_2 \\ \vdots & \ddots & \ddots & & & \vdots \\ \vdots & \vdots & \ddots & \ddots & 0 & -a_{n-2} \\ 0 & 0 & \cdots & 0 & 1 & -a_{n-1} \end{bmatrix} \\ &= U_c \hat{A} \end{aligned}$$

つぎに、$\hat{A}W = W\tilde{A}$ の関係を用いて $\tilde{A}$ を求める。

$$\hat{A}W = \begin{bmatrix} 0 & 0 & \cdots & & -a_0 \\ 1 & 0 & \cdots & & -a_1 \\ \vdots & \ddots & \ddots & & \vdots \\ \vdots & \vdots & \ddots & 0 & -a_{n-2} \\ 0 & \cdots & 0 & 1 & -a_{n-1} \end{bmatrix} \begin{bmatrix} a_1 & a_2 & \cdots & a_{n-1} & 1 \\ a_2 & a_3 & \cdots & 1 & 0 \\ \vdots & a_{n-1} & \cdot & & \vdots \\ a_{n-1} & 1 & \cdot & & \vdots \\ 1 & 0 & \cdots & \cdots & 0 \end{bmatrix}$$

$$= \begin{bmatrix} -a_0 & 0 & \cdots & & & 0 \\ 0 & a_2 & a_3 \cdots & & a_{n-1} & 1 \\ \vdots & a_3 & \cdot & a_{n-1} & 1 & 0 \\ \vdots & \vdots & \cdot & \cdot & & \vdots \\ & a_{n-1} & \cdot & & & \vdots \\ 0 & 1 & \cdots & \cdots & \cdots & 0 \end{bmatrix} \tag{6.8}$$

(6.8) 式は対称行列であるから、この値は、$(\hat{A}W)^T$ と等しい。また W も対称行列であるから

$$\hat{A}W = (\hat{A}W)^T = W^T\hat{A}^T = W\hat{A}^T$$

である。すなわち、$\tilde{A} = \hat{A}^T = A_c$ となる。

同様に、$U_c^{-1}B = \hat{B}$ の関係を用いて、$\hat{B}$ を求める。

$$B = U_c\hat{B} = \begin{bmatrix} B & AB & \cdots & A^{n-1}B \end{bmatrix}\hat{B}$$
$$= \begin{bmatrix} B & AB & \cdots & A^{n-1}B \end{bmatrix}\begin{bmatrix} 1 \\ 0 \\ \vdots \\ 0 \end{bmatrix}$$

つぎに、$\hat{B} = W\tilde{B}$ の関係を用いて $\tilde{B}$ を求める。

$$\hat{B} = \begin{bmatrix} 1 \\ 0 \\ \vdots \\ 0 \end{bmatrix} = \begin{bmatrix} a_1 & a_2 & \cdots & a_{n-1} & 1 \\ a_2 & a_3 & \cdots & 1 & 0 \\ \vdots & a_{n-1} & \cdot & & \vdots \\ a_{n-1} & 1 & \cdot & & \vdots \\ 1 & 0 & \cdots & \cdots & 0 \end{bmatrix}\tilde{B}$$

において、W の形より

$$\tilde{B}^T = \begin{bmatrix} 0 & \cdots & 0 & 1 \end{bmatrix}^T = B_c^T$$

となる。 ■

〔例題 **6.2**〕 つぎの状態方程式で記述されるシステムの可制御性を調べ、可制御ならば、可制御標準形に変換せよ。

$$\dot{x}(t) = Ax(t) + Bu(t)$$

ただし

$$A = \begin{bmatrix} 1 & 0 & 1 \\ 1 & 2 & 0 \\ 0 & 0 & 3 \end{bmatrix}, \quad B = \begin{bmatrix} 1 \\ 1 \\ 1 \end{bmatrix}$$

とする。

〔解答〕 まず、可制御性を調べる。

$$AB = \begin{bmatrix} 2 \\ 3 \\ 3 \end{bmatrix}, \quad A^2B = \begin{bmatrix} 5 \\ 8 \\ 9 \end{bmatrix}$$

であるから

$$U_c = \begin{bmatrix} 1 & 2 & 5 \\ 1 & 3 & 8 \\ 1 & 3 & 9 \end{bmatrix}$$

となる。$\det U_c = 1$ であるから

$$\mathrm{rank} U_c = \mathrm{rank} \begin{bmatrix} 1 & 2 & 5 \\ 1 & 3 & 8 \\ 1 & 3 & 9 \end{bmatrix} = 3$$

となり、システムは可制御である。

可制御標準形へ変換する。まず

$$\det[sI_3 - A] = s^3 - 6s + 11s - 6$$

であるから、$a_2 = -6, a_1 = 11, a_0 = -6$ より

$$W = \begin{bmatrix} 11 & -6 & 1 \\ -6 & 1 & 0 \\ 1 & 0 & 0 \end{bmatrix}, \ T_c = U_c W = \begin{bmatrix} 4 & -4 & 1 \\ 1 & -3 & 1 \\ 2 & -3 & 1 \end{bmatrix},$$

$$T_c^{-1} = \begin{bmatrix} 0 & -1 & 1 \\ -1 & -2 & 3 \\ -3 & -4 & 8 \end{bmatrix}$$

を得る。これより

$$A_c = T_c^{-1} A T_c = \begin{bmatrix} 0 & 1 & 0 \\ 0 & 0 & 1 \\ 6 & -11 & 6 \end{bmatrix}, \ B_c = T_c^{-1} B = \begin{bmatrix} 0 \\ 0 \\ 1 \end{bmatrix}$$

となる。

6.3　可観測性

可観測性とは、観測出力によって状態変数の値を正確に知ることができる性質のことであり、以下で定義される。

定義 6.3　有限な時刻 s が存在して、s 時刻間の制御入力 $u(t)$ $(0 \leq t \leq s)$ と観測出力 $y(t)$ $(0 \leq t \leq s)$ の観測値から、初期状態 $x(0)$ が一意に決定できるとき、システム (6.1) は可観測であるという。あるいは、簡単に対 (C, A) は可観測であるという。そうでないとき、不可観測であるという。 ■

この定義の意味を状態 $x(t) = [x_1(t) \ x_2(t)]^T$ をもつ二つのシステム S_3, S_4 で考える。簡単のため、制御入力 $u(t)$ は考えない。

$$S_3 \ \left\{ \ \dot{x}(t) = \begin{bmatrix} 0 & 1 \\ 0 & 0 \end{bmatrix} x(t), \quad y(t) = \begin{bmatrix} 0 & 1 \end{bmatrix} x(t) \right.$$

$$S_4 \quad \begin{cases} \dot{x}(t) = \begin{bmatrix} 0 & 0 \\ 1 & 0 \end{bmatrix} x(t), \quad y(t) = \begin{bmatrix} 0 & 1 \end{bmatrix} x(t) \end{cases}$$

S_3 の初期状態を $x(0) = [x_1(0) \;\; x_2(0)]^T$ として観測出力を求めると

$$e^{At} = \begin{bmatrix} 1 & t \\ 0 & 1 \end{bmatrix}$$

より

$$y(t) = \begin{bmatrix} 0 & 1 \end{bmatrix} \begin{bmatrix} x_1(0) \\ x_2(0) \end{bmatrix}$$

となる。これは、$x_2(0) = 0$ であれば、$x_1(0)$ がどんな値をとったとしても、$y(t) \equiv 0$ となることを意味する。すなわち、状態空間の x_1 軸上の初期状態は出力には決して現れない。このため、S_3 のシステムは x_1 軸上の初期状態を決定することができない。すなわち、可観測ではない。

一方、S_4 では、任意の初期状態 $x(0) = [x_1(0)\ x_2(0)]^T$ は s 時刻間の観測出力 $y(t)$ の観測により、次式を用いてただ一つに定まる。

$$x(0) = \begin{bmatrix} \frac{12}{s^3} & -\frac{6}{s^2} \\ -\frac{6}{s^2} & \frac{4}{s} \end{bmatrix} \int_0^s \begin{bmatrix} ty(t) \\ y(t) \end{bmatrix} dt \tag{6.9}$$

すなわち、システム S_4 は可観測である。なお、(6.9) 式の導出については、以下の定理 6.4 の証明を用いればよい。

システムが可観測であるかどうかの判定条件は次で与えられる。

定理 6.4　対 (C, A) が可観測であるための必要十分条件は

$$\mathrm{rank} U_o = n \tag{6.10}$$

となることである。ただし、U_o は

$$U_o = \begin{bmatrix} C \\ CA \\ \vdots \\ CA^{n-1} \end{bmatrix}$$

であり、可観測性行列と呼ばれる。

この定理の証明には、つぎの補題が用いられる。

補題 6.2

$$\mathrm{rank} U_o = n$$

ならば、任意の $s > 0$ に対して

$$\det P_s \neq 0$$

となることである。ただし、P_s は

$$P_s = \int_0^s e^{A^T\tau} C^T C e^{A\tau} d\tau$$

であり、可観測性グラム行列と呼ばれる。

まず、補題の証明を行なう。

証明. 対偶による証明（対偶証明）を行なう。ある s が存在して $\det P_s = 0$ となるとする。このとき、$P_s a = O_{n\times 1}$ を満たす零でない n 次元ベクトル a が存在する。したがって

$$a^T P_s a = \int_0^s a^T e^{A^T\tau} C^T C e^{A\tau} a d\tau = 0$$

が成り立つ。ここで、$\eta(\tau) = Ce^{A\tau}a$ とおくと、上の関係は

$$a^T P_s a = \int_0^s \| \eta(\tau) \|^2 d\tau = 0$$

となる。これより、$\eta(\tau) \equiv O_{l\times 1}$ $(0 \leq \tau \leq s)$ であり、また

$$\frac{d^i\eta(\tau)}{d\tau^i} = O_{l\times 1},\ 0 \le \tau \le\ s,\ \ i = 1, 2, ...$$

でなければならない。$\tau = 0$ のときも成立するので、$Ca = CAa = CA^2 = \cdots = CA^{n-1}a = O_{l\times 1}$ である。これを書き直せば

$$\begin{bmatrix} Ca \\ CAa \\ CA^2a \\ \vdots \\ CA^{n-1}a \end{bmatrix} = \begin{bmatrix} C \\ CA \\ CA^2 \\ \vdots \\ CA^{n-1} \end{bmatrix} a = U_o a = O_{nl\times 1}$$

となる。$a \neq O_{n\times 1}$ であるから、これは $\mathrm{rank}U_o < n$ であることを示している。これより

$$\mathrm{rank}U_o = n\ \Rightarrow\ \det P_s \neq 0\ \forall s > 0$$

となることが示された。■

つぎに、定理 6.4 の証明を行なう。

証明. 必要性：対偶による証明（対偶証明）を行なう。$\mathrm{rank}U_o < n$ とする。このとき、初期条件 $x(0) \neq O_{n\times 1}$ が存在して

$$\begin{bmatrix} C \\ CA \\ CA^2 \\ \vdots \\ CA^{n-1} \end{bmatrix} x(0) = O_{ln\times 1}$$

となる。すなわち、$CA^ix(0) = O_{l\times 1}\ (i = 1, \cdots, n-1)$ となる。ここで、定理 6.1 の証明において用いた関係

$$e^{-A\tau} = \sum_{i=0}^{n-1} q_i(\tau)A^i$$

を用いれば、

$$Ce^{At}x(0) = \sum_{i=0}^{n-1} \tilde{q}_i(t) CA^i x(0) = O_{l\times 1}$$

となる。ただし、$\tilde{q}_i(t)$ は t の無限次の多項式である。これより、$x(0)$ が観測出力 $y(t)$ に全く現れないことになり、システムは可観測ではないことになる。

十分性：(6.1) 式より、出力 $y(t)$ は

$$y(t) = Ce^{At}x(0) + C\int_0^t e^{A(t-\tau)}Bu(\tau)d\tau$$

で与えられる。ここで

$$Ce^{At}x(0) = y(t) - C\int_0^t e^{A(t-\tau)}Bu(\tau)d\tau = \eta(t)$$

と変形すれば、右辺 $\eta(t)$ は s 時刻間の $y(t)$ と $u(t)$ の観測から既知な値となる。したがって、両辺に $e^{A^T t}C^T$ を掛けて、s 時刻積分すれば

$$\int_0^s e^{A^T t}C^T Ce^{At}dt x(0) = \int_0^s e^{A^T t}C^T \eta(t)dt$$

となる。ここで、$\mathrm{rank} U_o = n$ であるから、補題 6.2 より、任意の s に対して、$\det P_s \neq 0$ であるから、初期状態 $x(0)$ は

$$x(0) = P_s^{-1}\int_0^s e^{A^T t}C^T \eta(t)dt$$

により、一意に決定できる。これより、$\mathrm{rank} U_o = n$ が十分であることが示された。 ■

可観測性の判定条件としては、定理 6.4 を包含するつぎの定理が知られている。

定理 6.5 以下の四つの命題は互いに等価である。

(1) 対 (C, A) は可観測である。

(2) $\mathrm{rank} U_o = n$

(3) 任意の複素数 λ に対して、

$$\mathrm{rank}\begin{bmatrix}\lambda I_n - A \\ C\end{bmatrix} = n$$

(4) $A + FC$ が任意に指定した対称な n 個の複素数の集合 $\Lambda = \{\lambda_1, \cdots, \lambda_n\}$ を固有値としてもつような行列 $F \in R^{n\times l}$ が存在する。 ■

証明は参考文献 7) を参照のこと。

6.4 可観測標準形

可制御の場合と同様に、行列 A の特性方程式を

$$\det(sI_n - A) = s^n + a_{n-1}s^{n-1} + \cdots + a_1 s + a_0$$

とするとき、以下の定理が成り立つ。

定理 6.6 (6.1) 式において $l = 1$ とする。このとき、対 (C, A) が可観測ならば、システム (6.1) はつぎのシステムに相似である。

$$\begin{cases} \dot{z}(t) &= A_o z(t) + B_o u(t) \\ y(t) &= C_o z(t) \end{cases} \tag{6.11}$$

ただし

$$A_o = \begin{bmatrix} 0 & 0 & & \cdots & & -a_0 \\ 1 & 0 & & \cdots & & -a_1 \\ 0 & 1 & 0 & \cdots & \ddots & -a_2 \\ \vdots & \ddots & \ddots & & & \vdots \\ \vdots & \vdots & \ddots & \ddots & 0 & -a_{n-2} \\ 0 & 0 & \cdots & 0 & 1 & -a_{n-1} \end{bmatrix},\ B_o = \begin{bmatrix} b_{o1} \\ b_{o2} \\ \vdots \\ \vdots \\ \vdots \\ b_{on} \end{bmatrix}$$

$$C_o = \begin{bmatrix} 0 & 0 & \cdots & \cdots & 0 & 1 \end{bmatrix}$$

である。この行列 A_o, C_o を可観測標準形という。

証明. $T_o = WU_o$ とおき、$z(t) = T_o x(t)$ と座標変換すれば、定理 6.3 の証明と同様の手順で証明できる。 ■

〔例題 **6.3**〕 つぎの状態方程式で記述されるシステムの可観測性を調べ、可観測ならば、可観測標準形に変換せよ。

$$\dot{x}(t) = Ax(t) + Bu(t),\ y(t) = Cx(t)$$

ただし

$$A = \begin{bmatrix} 1 & 0 & 0 \\ 0 & 0 & 1 \\ 1 & -2 & 1 \end{bmatrix},\quad B = \begin{bmatrix} 0 \\ 0 \\ 1 \end{bmatrix},\quad C = [1 \quad 0 \quad 1]$$

である。

〔解答〕 まず、可観測性を調べる。

$$CA = [2 \quad -2 \ \ 1],\ \ CA^2 = [3 \quad -2 \quad -1]$$

であるから

$$U_o = \begin{bmatrix} 1 & 0 & 1 \\ 2 & -2 & 1 \\ 3 & -2 & -1 \end{bmatrix}$$

となる。$\det U_o = 6$ であるから

$$\mathrm{rank} U_o = \mathrm{rank} \begin{bmatrix} 1 & 0 & 1 \\ 2 & -2 & 1 \\ 3 & -2 & -1 \end{bmatrix} = 3$$

となり、システムは可観測である。したがって、可観測標準形はつぎのように計算できる。

$$\det(sI_3 - A) = s^3 - 2s^2 + 3s - 2$$

であるから、$a_2 = -2, a_1 = 3, a_0 = -2$ より

$$W = \begin{bmatrix} 3 & -2 & 1 \\ -2 & 1 & 0 \\ 1 & 0 & 0 \end{bmatrix},\ T_o = WU_o = \begin{bmatrix} 2 & 2 & 0 \\ 0 & -2 & -1 \\ 1 & 0 & 1 \end{bmatrix},$$

$$T_o^{-1} = \begin{bmatrix} \frac{1}{3} & \frac{1}{3} & \frac{1}{3} \\ \frac{1}{6} & -\frac{1}{3} & -\frac{1}{3} \\ -\frac{1}{3} & -\frac{1}{3} & \frac{2}{3} \end{bmatrix}$$

を得る。これより

$$A_o = T_o A T_o^{-1} = \begin{bmatrix} 0 & 0 & 2 \\ 1 & 0 & -3 \\ 0 & 1 & 2 \end{bmatrix},\ B_o = T_o B = \begin{bmatrix} 0 \\ -1 \\ 1 \end{bmatrix},$$

$$C_o = C T_o^{-1} = [0\ \ 0\ \ 1]$$

となる。

以上の議論、とくに、定理 6.1、6.4 より

$$\begin{cases} \dot{x}(t) = A^T x(t) + C^T u(t) \\ y(t) = B^T x(t) \end{cases} \tag{6.12}$$

をシステム (6.1) の双対システムと定義すれば、以下の双対性の定理と呼ばれる関係が成り立つ。

定理 6.7　システム (6.1) の可制御性は、双対システム (6.12) の可観測性と等しい。同様に、システム (6.1) の可観測性は、双対システム (6.12) の可制御性と等しい。すなわち、対 (A, B) が可制御であることと、対 (B^T, A^T) が可観測であることは等価である。また、同様に、対 (C, A) が可観測であることと、対 (A^T, C^T) が可制御であることは等価である。

証明. システム (6.1) の可制御性の必要十分条件は、可制御性行列 U_c を用いて $\mathrm{rank} U_c = n$ で与えられる。この可制御性行列を転置すれば

$$U_c^T = \begin{bmatrix} B^T \\ B^T A^T \\ B^T (A^T)^2 \\ \vdots \\ B^T (A^T)^{n-1} \end{bmatrix}$$

となる。これは、双対システム (6.12) の可観測性行列であり、$\mathrm{rank} U_c^T = n$ であるから、すなわち、対 (A, B) が可制御であることと、対 (B^T, A^T) が可観測であることは等価である。また、同様に、対 (C, A) が可観測であることと、対 (A^T, C^T) が可制御であることは等価である。 ■

6.5 座標変換と不変性

互いに相似なシステム S_5, S_6 を考える。

$$S_5 \quad \begin{cases} \dot{x}(t) = Ax(t) + Bu(t) \\ y(t) = Cx(t) \end{cases}$$

$$S_6 \quad \begin{cases} \dot{z}(t) = \tilde{A}z(t) + \tilde{B}u(t) \\ y(t) = \tilde{C}z(t) \end{cases}$$

ここで、$x(t)$ と $z(t)$ の座標変換を $x(t) = Tz(t)$ とすると

$$\tilde{A} = T^{-1}AT, \quad \tilde{B} = T^{-1}B, \quad \tilde{C} = CT$$

である。逆行列の性質

$$(sI_n - T^{-1}AT)^{-1} = \{T^{-1}(sI_n - A)T\}^{-1} = T^{-1}(sI_n - A)^{-1}T$$

を用いて S_6 の伝達関数を作ると

$$\begin{aligned} \tilde{C}(sI_n - \tilde{A})^{-1}\tilde{B} &= CT(sI_n - T^{-1}AT)^{-1}T^{-1}B \\ &= CT\{T^{-1}(sI_n - A)^{-1}T\}T^{-1}B = C(sI_n - A)^{-1}B \end{aligned}$$

となり、相似なシステムは同じ伝達関数をもつことがわかる。また、システム S_5, S_6 の可制御性行列、可観測性行列をそれぞれ U_{c5}, U_{o5}、U_{c6}, U_{o6} とすると、簡単な計算から

$$U_{c6} = T^{-1}U_{c5},\ \ U_{o6} = U_{o5}T$$

を得る。$\mathrm{rank}U_{c5} = n, \mathrm{rank}U_{o5} = n$ であれば、変換行列 T は正則であるから、明らかに

$$\mathrm{rank}U_{c5} = \mathrm{rank}U_{c6} = n,\ \ \mathrm{rank}U_{o5} = \mathrm{rank}U_{o6} = n$$

であることがわかる。また、$\mathrm{rank}U_{c6} = n, \mathrm{rank}U_{o6} = n$ とした場合も同様であるから、相似なシステム S_5, S_6 の可制御性、可観測性は不変である。

さらに

$$\begin{aligned}
&\det(sI_n - \tilde{A}) = \det\{T^{-1}(sI_n - A)T\} = \det(sI_n - A) \\
&\mathrm{rank}\begin{bmatrix} \tilde{A} - sI_n & \tilde{B} \\ \tilde{C} & O_{l\times m} \end{bmatrix} = \\
&\mathrm{rank}\begin{bmatrix} T^{-1} & O_{n\times l} \\ O_{l\times n} & I_l \end{bmatrix}\begin{bmatrix} A - sI_n & B \\ C & O_{l\times m} \end{bmatrix}\begin{bmatrix} T & O_{n\times m} \\ O_{m\times n} & I_m \end{bmatrix} = \\
&\mathrm{rank}\begin{bmatrix} A - sI_n & B \\ C & O_{l\times m} \end{bmatrix}
\end{aligned}$$

より、S_5, S_6 の極と不変零点も不変であることがわかる。

6.6 最小実現

伝達関数 $G(s)$ から、それと同じ伝達関数をもつ状態方程式を求めることを実現という。前節でみたように、相似な状態方程式は同じ伝達関数をもつため、同じ伝達関数をもつ状態方程式は無数に存在する。また、相似ではないが、同じ伝達関数をもつ状態方程式も存在する。たとえば

$$S_7 \quad \left\{ \quad \dot{x}(t) = \begin{bmatrix} 0 & 1 \\ -a_0 & -a_1 \end{bmatrix} x(t) + \begin{bmatrix} 0 \\ 1 \end{bmatrix} u(t), \quad y(t) = \begin{bmatrix} 1 & 0 \end{bmatrix} x(t) \right.$$

$$S_8 \quad \left\{ \quad \dot{x}(t) = \begin{bmatrix} 0 & 1 & 0 \\ -a_0 & -a_1 & 0 \\ 1 & 0 & 1 \end{bmatrix} x(t) + \begin{bmatrix} 0 \\ 1 \\ 2 \end{bmatrix} u(t), \quad y(t) = \begin{bmatrix} 1 & 0 & 0 \end{bmatrix} x(t) \right.$$

の伝達関数はともに

$$G(s) = \frac{1}{s^2 + a_1 s + a_0}$$

となる。このように同じ伝達関数となる実現において、状態方程式の次元が異なるものも存在する。このとき、すべての実現のなかで状態方程式の次元が最小のものを最小実現という。最小実現に関して、つぎの定理が知られている。

定理 6.8 伝達関数 $G(s)$ の実現

$$\dot{x}(t) = Ax(t) + Bu(t), \quad y(t) = Cx(t)$$

が最小実現であるための必要十分条件は、対 (A, B) が可制御、対 (C, A) が可観測であることである。 ■

これを、先の二つのシステム S_7 と S_8 について調べてみる。S_7 は可制御かつ可観測であることは簡単に確認できる。S_7 の信号の流れを図 6.1 に示す。この図では時間関数としての状態変数を直接用いて信号の流れを表現している。これをブロック線図と区別して状態変数線図と呼ぶこともあるが、線図の構成や結合法則はブロック線図と同じである。ただし、図中の $\int$ は

$$x(t) = \int_0^t \frac{dx(\tau)}{d\tau} d\tau$$

を表す。この図 6.1 で確認すると、制御入力 $u(t)$ から状態 $x_1(t)$ および $x_2(t)$ へのパスが通っていること、かつ、状態 $x_1(t)$ および $x_2(t)$ から観測出力 $y(t)$ へのパスが通っていることから、すべての状態を経由して制御入力 $u(t)$ から観測出力 $y(t)$ へのパスが通っていることがわかる。一方、S_8 の状態変数線図 6.2

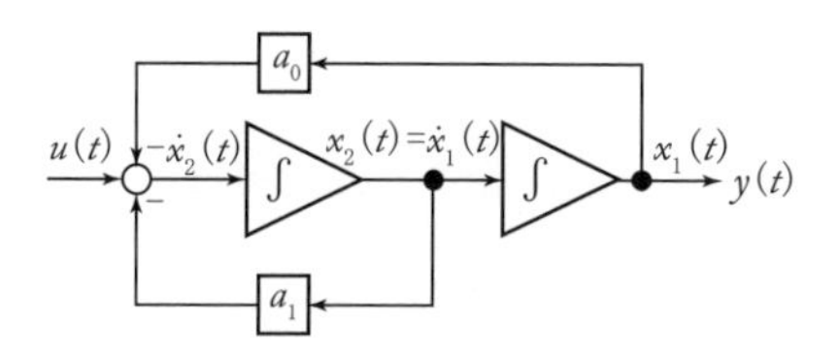

図 **6.1**　S_7 の状態変数線図

では、状態 $x_3(t)$ から観測出力 $y(t)$ へのパスが通っていない。すなわち、状態 $x_3(t)$ の情報は観測出力へ現われない。これは、S_8 が可観測でないことを意味している。この例から、伝達関数を構成する状態は制御入力から観測出力へのパス上の状態であること、すなわち、伝達関数には可制御かつ可観測な状態しか反映されないことを意味している。これが最小実現の状態空間となっている。

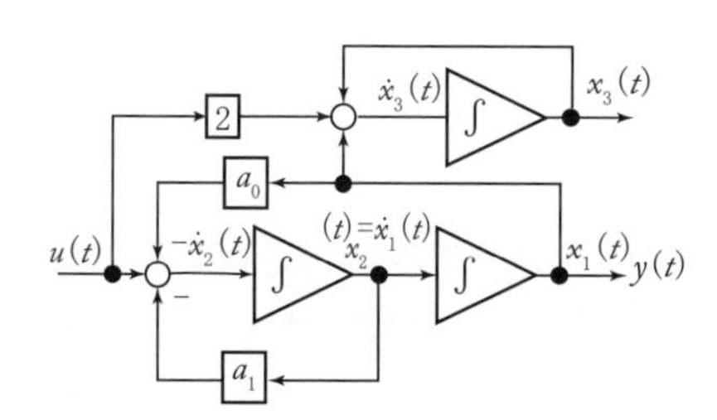

図 **6.2**　S_8 の状態変数線図

一入力一出力システムでは、つぎのように最小実現が可能である。

〔例題 **6.4**〕 真にプロパーな伝達関数が (6.13) 式で与えられている。

$$G(s) = \frac{b_m s^m + \cdots + b_1 s + b_0}{s^n + a_{n-1}s^{n-1} + \cdots + a_1 s + a_0} \tag{6.13}$$

このとき、(6.14) 式に示す可制御標準形の伝達関数が (6.13) 式となることを示せ。

$$\dot{x}(t) = A_c x(t) + B_c u(t), \ \ y(t) = C_c x(t) \tag{6.14}$$

$$A_c = \begin{bmatrix} 0 & 1 & 0 & & \cdots & 0 \\ \vdots & 0 & 1 & 0 & \cdots & 0 \\ \vdots & \vdots & 0 & 1 & \ddots & \vdots \\ \vdots & & & \ddots & \ddots & 0 \\ 0 & \cdots & & & 0 & 1 \\ -a_0 & -a_1 & \cdots & \cdots & \cdots & -a_{n-1} \end{bmatrix}, \quad B_c = \begin{bmatrix} 0 \\ 0 \\ \vdots \\ \vdots \\ 0 \\ 1 \end{bmatrix}$$

$$C_c = \begin{bmatrix} b_0 & \cdots & b_m & 0 & \cdots & 0 \end{bmatrix}$$

〔解答〕(6.14) 式から直接伝達関数を計算する。

$$G(s) = \frac{C_c \mathrm{adj}(sI_n - A_c)B_c}{\det(sI_n - A_c)}$$

ここで、A_c は同伴行列であるから

$$\det(sI_n - A_c) = s^n + a_{n-1}s^{n-1} + \cdots + a_1 s + a_0$$

となる。また、余因子行列

$$\mathrm{adj}(sI_n - A_c) = \begin{bmatrix} \Delta_{11} & \Delta_{21} & \Delta_{31} & \cdots & \Delta_{n1} \\ \Delta_{12} & \Delta_{22} & \Delta_{32} & \cdots & \Delta_{n2} \\ \Delta_{13} & \Delta_{23} & \Delta_{33} & \ddots & \vdots \\ \vdots & \cdots & & \ddots & \vdots \\ \Delta_{1n} & \Delta_{2n} & \cdots & \cdots & \Delta_{nn} \end{bmatrix}$$

とおけば、B_c との積で必要なのは n 列の余因子のみである。これは、すでに例題 3.1 において計算済であり、$\Delta_{n1} = 1, \Delta_{n2} = s, \cdots, \Delta_{nn} = s^{n-1}$ である。したがって

$$\mathrm{adj}(sI_n - A_c)B_c = \begin{bmatrix} 1 \\ s \\ \vdots \\ s^{n-1} \end{bmatrix}$$

となる。これより

$$C_c\mathrm{adj}(sI_n - A_c)B_c = b_m s^m + \cdots + b_1 s + b_0$$

となり、(6.13) 式に一致する。これは、(6.14) 式が (6.13) 式で表される伝達関数の最小実現であることを示している。

6.7　練習問題

1. T 先生と F さんが可制御性と可観測性について何やら議論をしている。以下の空所を埋めて、あなたも議論に参加しよう。

   F さん：可制御が状態を自由に動かせること、可観測が観測出力から初期状態を一意に決定できることを意味することは理解できましたが、その性質が状態方程式の対 (A, B) と対 (C, A) によって決まるということの意味が良く理解できません。

   T 先生：それでは

$$A = \begin{bmatrix} a_1 & 0 \\ 0 & a_2 \end{bmatrix},\ B = \begin{bmatrix} b_1 \\ b_2 \end{bmatrix},\ C = \begin{bmatrix} c_1 & c_2 \end{bmatrix}$$

   として、状態変数線図を描いてください。

   F さん：図 6.3 に示します。

   T 先生：結構です。$a_1 \neq a_2$ とします。このとき、このシステムが可制御、可観測となる条件を求めてください。

   F さん：定理 6.2 の (3) の条件を調べます。階数 $\mathrm{rank}[\lambda I_2 - A\ B]$ が落ちる可能性があるのは（　①　）と（　②　）のときです。すなわち

$$\mathrm{rank}\,[\lambda I_2 - A] = \mathrm{rank}\left[\begin{array}{cc|c} \lambda - a_1 & 0 & b_1 \\ 0 & \lambda - a_2 & b_2 \end{array}\right]$$

   ですから、（　③　）の場合

$$\mathrm{rank}\left[\begin{array}{cc|c} 0 & 0 & b_1 \\ 0 & a_1 - a_2 & b_2 \end{array}\right]$$

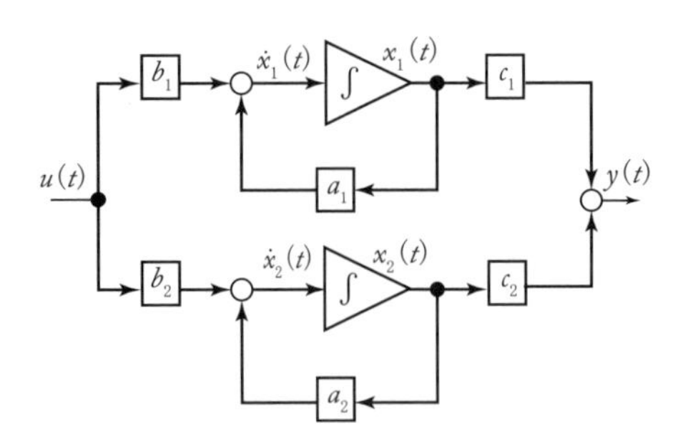

図 **6.3**　二次元状態変数線図

ですので、(　④　) ならば、$\mathrm{rank}[a_1I_2 - A\ B] = 2$ となります。同様に (　⑤　) の場合

$$\mathrm{rank}\left[\begin{array}{cc|c} a_2 - a_1 & 0 & b_1 \\ 0 & 0 & b_2 \end{array}\right]$$

ですので、(　⑥　) ならば、$\mathrm{rank}[a_2I_2 - A\ B] = 2$ となります。したがって、(　⑦　) かつ (　⑧　) であることが可制御であることの必要十分条件となります。

可観測性については、定理 6.5 の (3) の条件を調べます。このとき

$$\mathrm{rank}\begin{bmatrix} \lambda I_n - A \\ C \end{bmatrix}$$

を調べるのですが、可制御性の場合と同様に、この階数が落ちる可能性があるのは (　⑨　) と (　⑩　) のときですので、可制御性と同様の議論から、可観測となるための必要十分条件は、(　⑪　) かつ (　⑫　) であることが分ります。

T 先生：そうですね。図 6.3 を見ればわかるように、(　⑬　) あるいは (　⑭　) ですと、制御入力からのパスが状態変数 $x_1(t)$ あるいは $x_2(t)$ へ

届きませんので、状態を制御できないことは明らかですね。また、(⑮) あるいは (⑯) ですと、状態変数 $x_1(t)$ あるいは $x_2(t)$ の情報が観測出力へ現われませんので、可観測とはなりません。それでは、$a_1 = a_2$ の場合はどうなりますか。

F さん：$a = a_1 = a_2$ とします。このとき、定理 6.2 の (3) と定理 6.5 の (3) において、階数が落ちるのは (⑰) のときです。すなわち

$$\text{rank}\left[\begin{array}{cc|c} 0 & 0 & b_1 \\ 0 & 0 & b_2 \end{array}\right],\ \text{rank}\left[\begin{array}{cc} 0 & 0 \\ 0 & 0 \\ \hline c_1 & c_2 \end{array}\right]$$

となりますから、(⑱)かつ(⑲)であったとしても、$\text{rank}[aI_2 - A\ B] = 1$ ですから、可制御にはなりません。同様に (⑳) かつ (㉑) であったとしても、$\text{rank}[aI_2 - A^T\ C^T]^T = 1$ ですので、可観測にはなりません。

T 先生：そうですね。でも、(㉒) かつ (㉓) ですから、制御入力からすべての状態へのパスは存在します。また、(㉔) かつ (㉕) ですから、すべての状態の情報は観測出力に現われます。どうして、可制御、可観測でないのでしょうか。

F さん：初期状態を $x_1(0), x_2(0)$ として、状態変数 $x(t)$ について解けば

$$x(t) = \begin{bmatrix} x_1(0) \\ x_2(0) \end{bmatrix} e^{at} + \begin{bmatrix} b_1 \\ b_2 \end{bmatrix} \int_0^t e^{a(t-\tau)} u(\tau) d\tau$$

となります。e^{at} も $\int_0^t e^{a(t-\tau)} u(\tau) d\tau$ もスカラですから、初期状態 $x_1(0), x_2(0)$ を原点にもっていくためには、$x(t) = O_{2\times 1}$ とおいたとき

$$\begin{bmatrix} x_1(0) \\ x_2(0) \end{bmatrix} = -\begin{bmatrix} b_1 \\ b_2 \end{bmatrix} \int_0^t e^{-a\tau} u(\tau) d\tau$$

とする制御入力 $u(t)$ が存在しなければなりません。すなわち、このような制御入力が存在するには、ベクトル $[b_1\ b_2]^T$ を (㉖) 倍したものが

初期状態 $x_1(0), x_2(0)$ に等しくなることを意味します。これを数学では、$x_1(0), x_2(0)$ が $[b_1\ b_2]^T$ の値域に入るといい

$$\begin{bmatrix} x_1(0) \\ x_2(0) \end{bmatrix} \in \mathcal{R}\left(\begin{bmatrix} b_1 \\ b_2 \end{bmatrix}\right)$$

と書きます。すなわち、ベクトル $[b_1\ b_2]^T$ で作られる（　㉗　）上に初期状態 $x_1(0), x_2(0)$ がなければならないということになります。言い換えれば、ベクトル $[b_1\ b_2]^T$ で作られる（　㉘　）上に初期状態がなければ、どのような制御入力を与えたとしても原点にもっていくことができないということです。これは任意の初期状態を原点にもっていくことに反します。ですから、この場合は可制御ではありません。

可観測性については、観測出力 $y(t) = Cx(t)$ を考えれば

$$y(t) = \begin{bmatrix} c_1 & c_2 \end{bmatrix} \begin{bmatrix} x_1(0) \\ x_2(0) \end{bmatrix} e^{at} + \begin{bmatrix} c_1 & c_2 \end{bmatrix} \begin{bmatrix} b_1 \\ b_2 \end{bmatrix} \int_0^t e^{a(t-\tau)} u(\tau) d\tau$$

となります。このとき、$c_1 \neq 0$ かつ $c_2 \neq 0$ ですから

$$\begin{bmatrix} c_1 & c_2 \end{bmatrix} \begin{bmatrix} x_1(0) \\ x_2(0) \end{bmatrix} = 0$$

を満たす初期状態 $x_1(0), x_2(0)$ が（㉙）に存在します。これらの（㉚）の初期状態は決して観測出力には現われません。つまり、観測出力は

$$y(t) = \begin{bmatrix} c_1 & c_2 \end{bmatrix} \begin{bmatrix} b_1 \\ b_2 \end{bmatrix} \int_0^t e^{a(t-\tau)} u(\tau) d\tau$$

となり、いくら観測を続けても、その初期状態を一意に決めることはできません。このため、可観測にはならないのです。

2. 以下の対 (A, B) について、その可制御性を判定せよ。

$$(1)\ A = \begin{bmatrix} 3 & 1 & 1 \\ 1 & 2 & 0 \\ 1 & 0 & 2 \end{bmatrix},\ B = \begin{bmatrix} 1 \\ 0 \\ 0 \end{bmatrix}\ (2)\ A = \begin{bmatrix} 3 & 1 & 2 \\ 0 & 3 & 1 \\ 0 & 0 & 3 \end{bmatrix},\ B = \begin{bmatrix} 0 \\ 0 \\ 1 \end{bmatrix}$$

3. 以下の対 (C, A) について、その可観測性を判定せよ。

$$(1)\ A = \begin{bmatrix} 0 & 1 & 1 \\ 1 & 0 & 0 \\ 1 & 0 & 0 \end{bmatrix},\ C = \begin{bmatrix} 1 \\ 0 \\ 0 \end{bmatrix}^T\ (2)\ A = \begin{bmatrix} 1 & 1 & 0 \\ 0 & 1 & 1 \\ 1 & 0 & 3 \end{bmatrix},\ C = \begin{bmatrix} 0 \\ 0 \\ 1 \end{bmatrix}^T$$

4. つぎの状態方程式で記述されるシステムを可制御標準形に変換せよ。

$$\dot{x}(t) = Ax(t) + Bu(t),\ y(t) = Cx(t)$$

ただし

$$A = \begin{bmatrix} 0 & 1 & 2 \\ -5 & -4 & 1 \\ 0 & 0 & 3 \end{bmatrix},\quad B = \begin{bmatrix} 0 \\ -1 \\ 1 \end{bmatrix},\quad C = [2 \quad 1 \quad 1]$$

5. つぎの状態方程式で記述されるシステムを可観測標準形に変換せよ。

$$\dot{x}(t) = Ax(t) + Bu(t),\ y(t) = Cx(t)$$

ただし

$$A = \begin{bmatrix} 0 & 1 & 1 \\ -2 & -3 & 1 \\ 0 & 0 & -3 \end{bmatrix},\quad B = \begin{bmatrix} 1 \\ 1 \\ 1 \end{bmatrix},\quad C = [1 \quad 0 \quad 1]$$

7章　周波数応答

本章では、伝達関数で表現された一入力一出力システムの過渡応答および周波数応答について述べる。(7.1) 式の伝達関数は真にプロパーとする。

$$G(s) = \frac{b_m s^m + \cdots + b_1 s + b_0}{s^n + a_{n-1}s^{n-1} + \cdots + a_1 s + a_0} \tag{7.1}$$

7.1　過渡応答

6.1 節で述べたように、伝達関数は、インパルス入力が印加されたときのインパルス応答 $g(t)$ のラプラス変換である。したがって、伝達関数の極 $\lambda_1, \cdots, \lambda_n$ がすべて相異なるとすると、(7.1) 式のインパルス応答 $g(t)$ は

$$G(s) = \frac{c_1}{s - \lambda_1} + \cdots + \frac{c_n}{s - \lambda_n} \tag{7.2}$$

をラプラス逆変換して

$$g(t) = \sum_{i=1}^{n} c_i e^{\lambda_i t} \tag{7.3}$$

となる。ただし

$$c_i = \lim_{s \to \lambda_i} (s - \lambda_i) G(s), \quad i = 1, \cdots, n \tag{7.4}$$

である。ここで、すべての極 $\lambda_1, \cdots, \lambda_n$ が複素開左半平面に存在する、すなわち、$\mathrm{Re}\lambda_i < 0$ $(i = 1, \cdots, n)$ となるとき、$\lim_{t\to\infty} g(t) = 0$ となる。このとき、$G(s)$ を安定な伝達関数という。

入力 $u(t)$ が単位ステップ関数 $u_H(t)$ の場合、そのラプラス変換は $1/s$ であるから、出力は

$$y(t) = \int_0^t g(\tau) d\tau \tag{7.5}$$

である。この応答をステップ応答あるいはインディシャル応答と呼ぶ。

〔例題 **7.1**〕つぎの伝達関数のステップ応答を求めよ。

$$G(s) = \frac{K}{1+Ts} \tag{7.6}$$

ただし、$K > 0, T > 0$ とする。この形の伝達関数で表されるシステムを一次遅れシステムという。

〔解答〕出力のラプラス変換 $Y(s)$

$$Y(s) = G(s)\frac{1}{s} = \frac{K}{s(1+Ts)}$$

は

$$Y(s) = \frac{K}{s} - \frac{K}{s+\frac{1}{T}}$$

と部分分数展開できる。このラプラス逆変換は

$$y(t) = K\left(1 - e^{-\frac{t}{T}}\right)$$

となる。 この応答を図 7.1 に示す。応答の特徴は K と T の値に依存している。

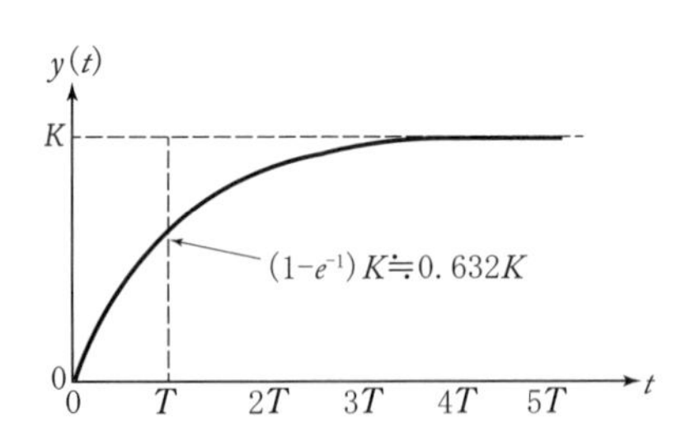

図 **7.1** 一次遅れシステムのステップ応答

$t = T$ となった時、システムの応答は定常値 $\lim_{t\to\infty} y(t) = K$ の約 63.2%となる。この T を時定数と呼ぶ。

〔例題 **7.2**〕つぎの伝達関数のステップ応答を求めよ。

$$G(s) = \frac{K\omega_n^2}{s^2 + 2\zeta\omega_n s + \omega_n^2} \tag{7.7}$$

ただし、$K > 0, \omega_n > 0, \zeta \geq 0$ とする。この形の伝達関数で表されるシステムを二次遅れシステムという。

〔解答〕(7.7) 式の極を $\lambda_{1,2}$ とすれば、$\zeta > 1$ のとき

$$\lambda_{1,2} = -\zeta\omega_n \pm \sqrt{\zeta^2 - 1}\omega_n$$

$\zeta < 1$ のとき

$$\lambda_{1,2} = -\zeta\omega_n \pm j\sqrt{1 - \zeta^2}\omega_n$$

となる。ただし、添え数字 1 は +、2 は − に対応する。このとき、出力 $Y(s) = G(s)/s$ は

$$\begin{aligned} Y(s) &= \frac{K\omega_n^2}{s(s^2 + 2\zeta\omega_n s + \omega_n^2)} \\ &= \frac{K}{s} + \frac{K\lambda_2}{\lambda_1 - \lambda_2}\frac{1}{s - \lambda_1} + \frac{K\lambda_1}{\lambda_2 - \lambda_1}\frac{1}{s - \lambda_2} \end{aligned}$$

と部分分数展開できる。また、$\zeta = 1$ のとき、(7.7) 式の極は $\lambda_1 = \lambda_2 = -\omega_n$ の重極である。このとき、出力 $Y(s) = G(s)/s$ は

$$\begin{aligned} Y(s) &= \frac{K\omega_n^2}{s(s + \omega_n)^2} \\ &= \frac{K}{s} - \frac{K\omega_n}{(s + \omega_n)^2} - \frac{K}{s + \omega_n} \end{aligned}$$

と部分分数展開できる。これらをラプラス逆変換すれば

(1) $0 \leq \zeta < 1$ のとき

$$y(t) = K\left\{1 - \frac{e^{-\zeta\omega_n t}}{\sqrt{1 - \zeta^2}}\sin\left(\sqrt{1 - \zeta^2}\omega_n t + \tan^{-1}\frac{\sqrt{1 - \zeta^2}}{\zeta}\right)\right\} \tag{7.8}$$

(2) $1 < \zeta$ のとき

$$
\begin{aligned}
y(t) = K \Bigg[1 - \frac{e^{-\zeta\omega_n t}}{2\sqrt{\zeta^2-1}} \{ (\zeta + \sqrt{\zeta^2-1}) e^{\sqrt{\zeta^2-1}\omega_n t} \\
- (\zeta - \sqrt{\zeta^2-1}) e^{-\sqrt{\zeta^2-1}\omega_n t} \} \Bigg]
\end{aligned} \tag{7.9}
$$

(3) $\zeta = 1$ のとき

$$
y(t) = K \left[1 - e^{-\omega t}(1 + \omega_n t) \right] \tag{7.10}
$$

となる。

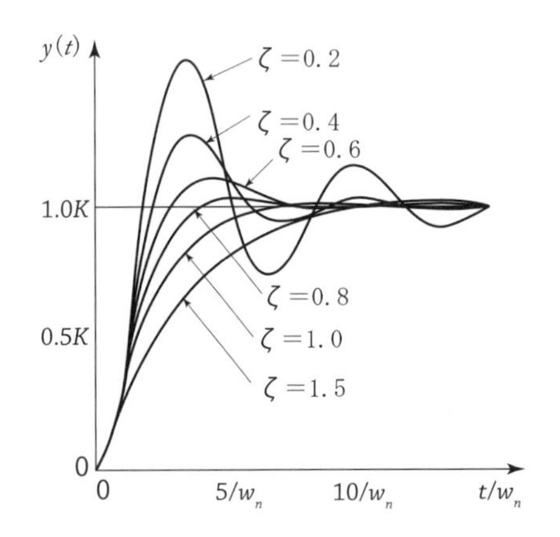

図 **7.2**　二次遅れシステムのステップ応答

応答を図7.2に示す。応答の様相は ζ の値によって大きく変化する。$\zeta < 1$ の場合、応答は振動的になり、$\zeta > 1$ の場合は過減衰により振動せず、定常値 $y(\infty) = K$ からの行き過ぎを生じない。$\zeta = 1$ の場合を臨界制動という。このように ζ は振動の減衰に関係することから、減衰係数と呼ばれる。また、ω_n は振動的な応答の角周波数に関係することから固有角周波数と呼ばれる。

7.2　周波数伝達関数

伝達関数 $G(s)$ を安定な伝達関数、すなわちすべての極が複素左半平面に存在するとする。このシステムに入力信号として角周波数 ω の正弦波信号 $\sin\omega t$ を印加し、すべての初期値を 0 とすれば、出力は

$$Y(s) = G(s)\frac{\omega}{s^2+\omega^2} \tag{7.11}$$

のラプラス逆変換で求められる。今、$G(s)$ の極がすべて相異なるとすると

$$G(s)\frac{\omega}{s^2+\omega^2} = \frac{c_1}{s-\lambda_1} + \cdots + \frac{c_n}{s-\lambda_n} + \frac{k_1}{s-j\omega} + \frac{k_2}{s+j\omega} \tag{7.12}$$

と書ける。ただし、c_i および k_1, k_2 は

$$\begin{aligned} c_i &= \lim_{s\to\lambda_i}\left\{(s-\lambda_i)G(s)\frac{\omega}{s^2+\omega^2}\right\},\ i=1,\cdots,n \\ k_1 &= \lim_{s\to j\omega}\left\{(s-j\omega)G(s)\frac{\omega}{s^2+\omega^2}\right\} = \frac{G(j\omega)}{2j} \\ k_2 &= \lim_{s\to -j\omega}\left\{(s+j\omega)G(s)\frac{\omega}{s^2+\omega^2}\right\} = -\frac{G(-j\omega)}{2j} \end{aligned} \tag{7.13}$$

である。このとき出力は

$$y(t) = \sum_{i=1}^{n} c_i e^{\lambda_i t} + \frac{G(j\omega)}{2j}e^{j\omega t} - \frac{G(-j\omega)}{2j}e^{-j\omega t} \tag{7.14}$$

となる。ここで、$\mathrm{Re}\lambda_i < 0\ (i=1,\cdots,n)$ であるから、$\lim_{t\to\infty} e^{\lambda_i t} = 0\ (i = 1,\cdots,n)$ となる。したがって、十分時間が経過した後の出力は

$$y(t) = \frac{G(j\omega)}{2j}e^{j\omega t} - \frac{G(-j\omega)}{2j}e^{-j\omega t} \tag{7.15}$$

と書ける。また、複素数の基本性質から

$$G(j\omega) = |G(j\omega)|e^{j\angle G(j\omega)},\ \ G(-j\omega) = |G(j\omega)|e^{-j\angle G(j\omega)}$$

であるから、(7.15) は

$$\begin{aligned} y(t) &= |G(j\omega)|\frac{e^{j(\omega t+\angle G(j\omega))} - e^{-j(\omega t+\angle G(j\omega))}}{2j} \\ &= |G(j\omega)|\sin(\omega t + \angle G(j\omega)) \end{aligned} \tag{7.16}$$

となる。これは、安定な伝達関数で記述されるシステムに正弦波信号 $\sin\omega t$（余弦波信号 $\cos\omega t$ も同様）が入力として印加された場合、十分時間が経過した後の出力信号は伝達関数 $G(s)$ を $s = j\omega$ した複素数 $G(j\omega)$ の絶対値に振幅が等しくなり、入力信号に対して、複素数 $G(j\omega)$ の偏角だけ入力信号と出力信号の位相が異なることを表している。この複素数 $G(j\omega)$ を周波数伝達関数といい、その絶対値 $|G(j\omega)|$ をゲイン、偏角 $\angle G(j\omega)$ を位相と呼び、単位は度 [deg] で表す。周波数伝達関数はゲインと位相によって、入力信号の周波数ろ波特性を定量的に表現する。この特性を周波数特性といい、システムの解析や後に述べる制御系設計に重要な役割を果たす。

7.3 周波数応答の図的表現法

周波数特性を図的に表現する手法が知られている。本節では、二つの代表的な図的表現法を紹介する。

7.3.1 ベクトル軌跡

角周波数 ω を 0 から無限大まで変化させたとき、周波数伝達関数 $G(j\omega)$ が複素平面上に描いた軌跡をベクトル軌跡という。以下にいくつかの代表的なシステムのベクトル軌跡を例題を用いて示す。

〔例題 **7.3**〕積分システムのベクトル軌跡を描け。

$$G(s) = \frac{1}{s} \tag{7.17}$$

〔解答〕周波数伝達関数は

$$G(j\omega) = \frac{1}{j\omega} = -j\frac{1}{\omega}$$

であるから、ゲインと位相は

$$|G(j\omega)| = \frac{1}{\omega}, \quad \angle G(j\omega) = -90[\mathrm{deg}]$$

となる。積分システムのベクトル軌跡を図 7.3 に示す。

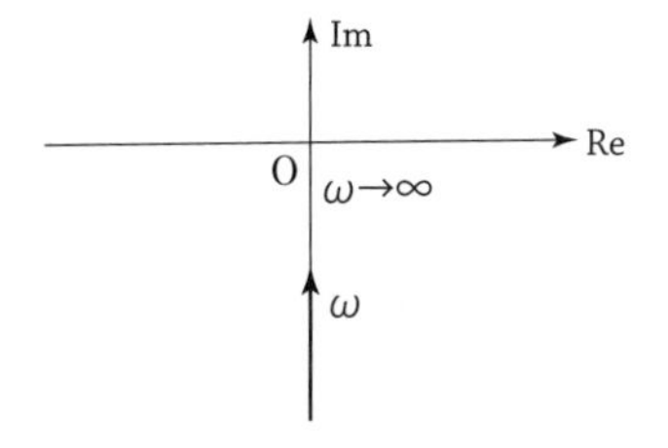

図 **7.3**　積分システムのベクトル軌跡

〔例題 **7.4**〕(7.6) 式の一次遅れシステムのベクトル軌跡を描け。

〔解答〕周波数伝達関数は

$$G(j\omega) = \frac{K}{1 + j\omega T}$$

であるから、ゲインと位相は

$$|G(j\omega)| = \frac{K}{\sqrt{1 + \omega^2 T^2}}, \quad \angle G(j\omega) = -\tan^{-1}\omega T$$

となる。一次遅れシステムのベクトル軌跡を図 7.4 に示す。

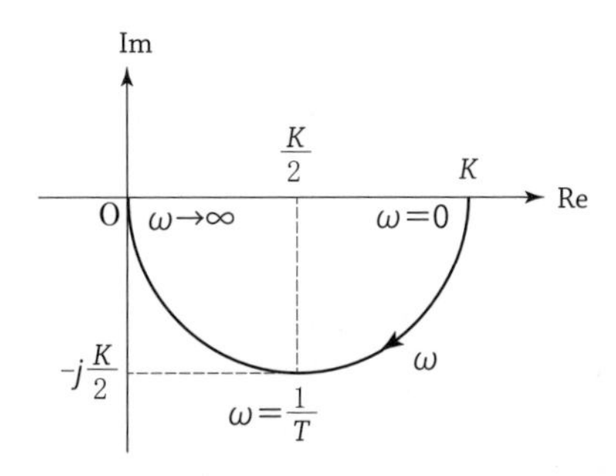

図 **7.4**　一次遅れシステムのベクトル軌跡

このベクトル軌跡は解析的に求めることができる。周波数伝達関数 $G(j\omega)$ を実部 $X(\omega)$ と虚部 $Y(\omega)$ に分けると

$$X(\omega) = \frac{K}{1 + \omega^2 T^2}, \; Y(\omega) = -\frac{\omega T K}{1 + \omega^2 T^2}$$

となる。これより、$X(\omega)^2+Y(\omega)^2$ を計算すれば

$$X(\omega)^2+Y(\omega)^2=\frac{(1+\omega^2T^2)K^2}{(1+\omega^2T^2)^2}=\frac{K^2}{1+\omega^2T^2}=KX(\omega)$$

を得る。この軌跡は

$$\left\{X(\omega)-\frac{K}{2}\right\}^2+Y(\omega)^2=\frac{K^2}{4}$$

の円軌道を描く。ただし、$X(\omega)>0, Y(\omega)<0$ であるから、図7.4の半円となる。

〔例題 **7.5**〕(7.7)式の二次遅れシステムのベクトル軌跡を描け。ただし、$K=1$ として、つぎのように変形する。

$$G(s)=\frac{1}{\frac{s^2}{\omega_n^2}+2\zeta\frac{s}{\omega_n}+1} \tag{7.18}$$

〔解答〕周波数伝達関数は

$$G(j\omega)=\frac{1}{1-\frac{\omega^2}{\omega_n^2}+j2\zeta\frac{j\omega}{\omega_n}}$$

であるから、ゲインと位相は

$$|G(j\omega)|=\frac{1}{\sqrt{\left(1-\frac{\omega^2}{\omega_n^2}\right)^2+\left(\frac{2\zeta\omega}{\omega_n}\right)^2}},\quad \angle G(j\omega)=-\tan^{-1}\left(\frac{\frac{2\zeta\omega}{\omega_n}}{1-\frac{\omega^2}{\omega_n^2}}\right) \tag{7.19}$$

となる。$\Omega=\omega/\omega_n$ として、角周波数を ω_n で正規化したベクトル軌跡を図7.5に示す。

7.3.2 ボード線図

ボード線図は周波数伝達関数をゲイン特性と位相特性に分けて描く方法である。それぞれの特性は対数目盛で刻まれた周波数軸に対して平等目盛で表され

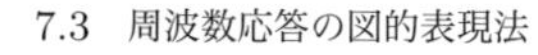

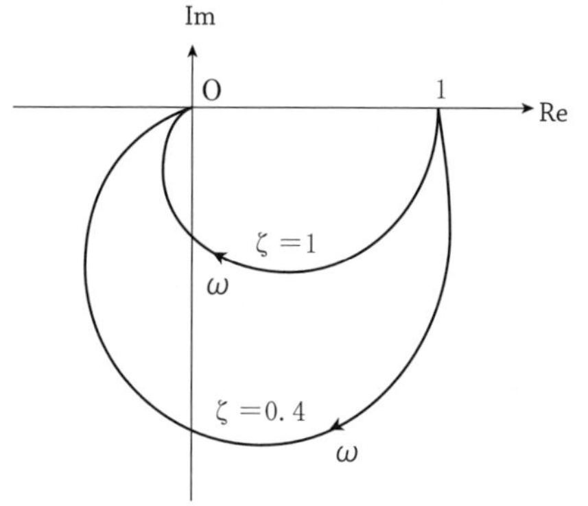

図 **7.5**　二次遅れシステムのベクトル軌跡

る。すなわち、片対数目盛を用いる。周波数軸の周波数が 10 倍となる区間をデカード **(dec)** と呼び、等間隔で周波数を目盛ることが多い。ゲイン特性は $|G(j\omega)|$ を常用対数を用いたデシベル値 $20\log_{10}|G(j\omega)|$ [dB] で、位相特性は位相 $\angle G(j\omega)$ を度 [deg] で表示する。ボード線図には以下の利点が指摘されている。

1. 対数目盛で角周波数軸を表現するために、非常に広い周波数領域にわたって、ゲイン特性および位相特性が定量的に表現できる。

2. ゲイン特性がデシベル表現であるため、二つ以上の伝達関数の積で表される伝達関数のゲイン特性および位相特性は各伝達関数の特性の和で表される。このため、ボード線図上の合成が容易である。すなわち、$G(s) = \prod_{i=1}^{k} G_i(s)$ のとき

$$
\begin{aligned}
20\log_{10}|G(j\omega)| &= 20\log_{10}|G_1(j\omega)| + 20\log_{10}|G_2(j\omega)| + \cdots + 20\log_{10}|G_k(j\omega)| \\
&= \sum_{i=1}^{k} 20\log_{10}|G_i(j\omega)| \\
\angle G(j\omega) &= \angle G_1(j\omega) + \angle G_2(j\omega) + \cdots + \angle G_k(j\omega) \\
&= \sum_{i=1}^{k} \angle G_i(j\omega)
\end{aligned}
$$

である。

以下にいくつかの代表的なボード線図の例を示す。

〔例題 **7.6**〕(7.17) 式の積分システムのボード線図を描け。

〔解答〕例題 7.3 で示したようにゲインと位相は

$$20\log_{10}|G(j\omega)| = -20\log_{10}\omega, \quad \angle G(j\omega) = -90$$

となる。このボード線図を図 7.6 に示す。ゲインは傾き −20[dB/dec] の直線、位相は −90[deg] の一定値となる。

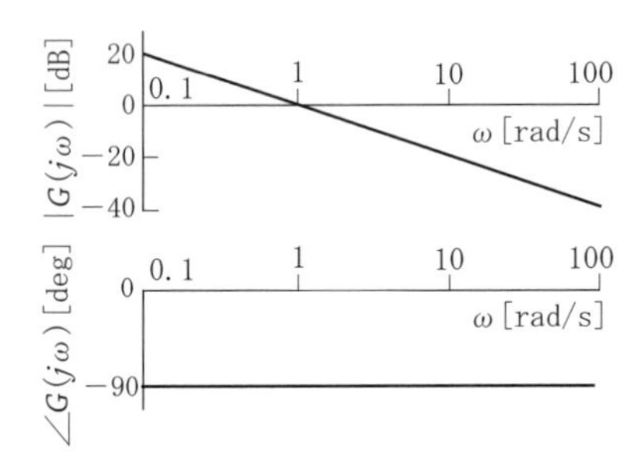

図 **7.6**　積分システムのボード線図

〔例題 **7.7**〕(7.6) 式で $K = 1$ とした一次遅れシステムのボード線図を描け。

〔解答〕周波数伝達関数は

$$G(j\omega) = \frac{1}{1 + j\omega T}$$

であるから、ゲインと位相は

$$20\log_{10}|G(j\omega)| = 20\log_{10}\frac{1}{\sqrt{1+\omega^2T^2}}, \quad \angle G(j\omega) = -\tan^{-1}\omega T \tag{7.20}$$

となる。このボード線図を図 7.7 に示す。

この図に示すように、一次遅れシステムのボード線図はゲイン線図に注目すると、二本の直線で近似（折れ線近似）することができる。すなわち (7.20) 式

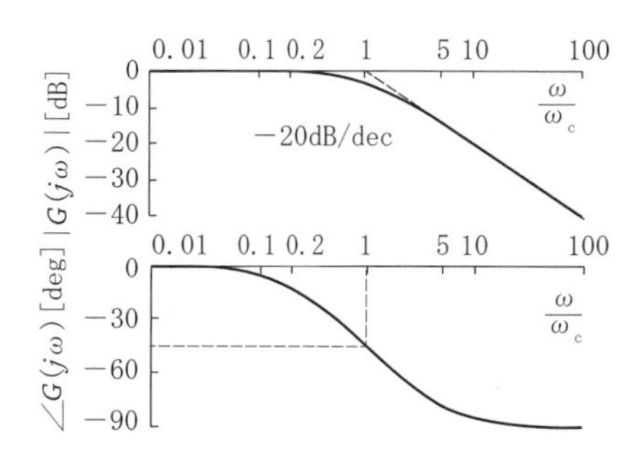

図 **7.7** 一次遅れシステムのボード線図

において、$\omega T \ll 1$ で 0[dB]、$\omega T \gg 1$ で $-20\log_{10}\omega - 20\log_{10}T$[dB] と近似することができる。このため、$\omega \ll 1/T$ の角周波数領域で 0[dB] の直線、$\omega \gg 1/T$ の角周波数領域で $\omega = 1/T$ を通る傾き −20[dB/dec] の直線で近似する。図 7.7 は ωT で正規化しているので、軸上 1 の点が $\omega = 1/T$[rad/sec] に相当する。

〔例題 **7.8**〕例題 7.5 と同様に $K = 1$ とした (7.7) 式の二次遅れシステムのボード線図を描け。

〔解答〕このときのゲインと位相は (7.19) 式で与えられている。このボード線図を図 7.8 に示す。角周波数軸は ω/ω_n で正規化している。したがって、軸上 1 の点が $\omega = \omega_n$ に対応している。図 7.8 よりゲイン特性の様相は ζ の値によって大きく変化する。$\zeta < 1$ の場合、ω が固有角周波数に等しくなった角周波数で、ゲインの値が大きくなっていることがわかる。$\zeta \to 0$ となるにつれて、ゲインの値は無限大に発散し、位相の値は 0[deg] と 180[deg] の間で変化する。この現象を共振現象といい、振動システムや電気回路などでは重要な特性の一つである。

（注意）以上の例題から、ゲインと位相には何らかの関係があるように思われる。実は、安定な極と零点をもつシステムのゲインと位相の関係はボードの定理として知られている。伝達関数 $G(s)$ のすべての極と零点の実部が負となるとき、$G(s)$ を最小位相系の伝達関数という。ここでは簡単に $G(s)$ を最小位相

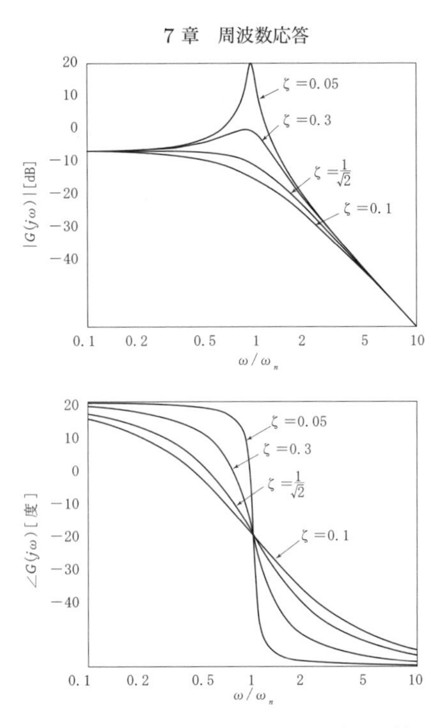

図 **7.8**　二次遅れシステムのボード線図

系と呼ぶ。一方、一つでも零点が正の実部をもつとき、非最小位相系という。この言葉の意味をつぎの二つの伝達関数 $G_1(s)$ と $G_2(s)$

$$G_1(s) = \frac{K(1+T_2 s)}{1+T_1 s},\ G_2(s) = \frac{K(1-T_2 s)}{1+T_1 s}$$

を用いて考える。$T_2 > 0, T_1 > 0$ であるから、$G_1(s)$ は最小位相系であり、$G_2(s)$ は非最小位相系である。この二つの伝達関数のゲインは

$$\frac{K\sqrt{1+T_2^2\omega^2}}{1+T_1^2\omega^2}$$

となり、同じゲイン特性をもつ。一方、位相は

$$\angle G_1(j\omega) = \angle(1+jT_2\omega) - \angle(1+jT_1\omega)$$

$$\angle G_2(j\omega) = \angle(1-jT_2\omega) - \angle(1+jT_1\omega)$$

となる。$G_1(s)$ のボード線図は 7.4 節の練習問題 1. を参照されたい。明らかにすべての周波数で

$$|\angle G_2(j\omega)| > |\angle G_1(j\omega)|$$

となり、$G_2(s)$ は $G_1(s)$ より位相がより大きく遅れるため、$G_2(s)$ の位相推移は $G_1(s)$ より大きい（$G_1(s)$ の位相推移は $G_2(s)$ より小さい）。すなわち、同じゲイン特性をもつ複数の伝達関数があった場合、最小位相系の位相推移が最も小さい。このように、同じゲイン特性をもつ伝達関数において、位相の推移が最小となるという意味で最小位相系という表現を用いる。

$G(s)$ が最小位相系であるとき、そのゲイン $|G(j\omega)|$ と位相 $\angle G(j\omega)$ は、任意に与えられた ω_0 に対して

$$\angle G(j\omega_0) = \frac{\omega_1}{\pi}\int_{-\infty}^{\infty}\frac{\log_e|G(j\omega)|}{\omega^2-\omega_0^2}d\omega \tag{7.21}$$

$$\log_e|G(j\omega_0)| = \log_e|G(0)| - \frac{\omega_0^2}{\pi}\int_{-\infty}^{\infty}\frac{\angle G(j\omega)}{(\omega_0^2-\omega^2)\omega}d\omega \tag{7.22}$$

を満たす[6)]。ただし、(7.21) 式は弧度 [rad] 表示である。

7.4 練習問題

1. 伝達関数が

$$G(s) = \frac{K}{s^2+4s+K}$$

で与えられている。このとき、ステップ応答が振動的になる K の範囲を求めよ。また、$K=20$ のときのステップ応答を求めよ。

2. つぎの伝達関数について、インパルス応答およびステップ応答を求めよ。また、周波数伝達関数 $G(j\omega)$ のゲインと位相を求めよ。

$$G(s) = \frac{10}{s^2(1+3.5s)}$$

3. つぎの伝達関数について、以下の問に答えよ。

$$G(s) = \frac{1}{s^3 + 2s^2 + s + 1}$$

(1) 周波数伝達関数 $G(j\omega)$ のゲインと位相を求めよ。

(2) 位相が-180[deg] となる角周波数 ω_a とゲインが最大となる角周波数 ω_m を求めよ。また、各々の場合のゲインを求めよ。

(3) ベクトル軌跡とボード線図を描け。

8章　制御系の安定性

7.1 節で述べたように、伝達関数のすべての極 $\lambda_i (i = 1, \cdots, n)$ の実部が負となるとき、この伝達関数を安定な伝達関数と呼んだ。このとき、真にプロパーなシステムのインパルス応答 $g(t) (t \geq 0)$ に対して、$\sup_{t\in[0,\infty)} |g(t)| = M$、$\sigma = \min_i |\mathrm{Re}\lambda_i|, i \in \{1, \cdots, n\}$ とすれば

$$|g(t)| \leq Me^{-\sigma t} \tag{8.1}$$

が成り立つ。したがって、入力と出力の関係でみれば、

$$y(t) = \int_0^t g(t-\tau)u(\tau)d\tau$$

であるから、$u_\infty = \sup_{t\in[0,\infty)} |u(t)| < \infty$ としたとき

$$\begin{aligned} |y(t)| &\leq \int_0^t |g(t)|u_\infty dt \leq Mu_\infty \int_0^t e^{-\sigma t}dt \\ &= \frac{Mu_\infty}{\sigma}\left(1 - e^{-\sigma t}\right) < \infty \end{aligned} \tag{8.2}$$

となることを意味する。これを有界入力有界出力安定という。本書では簡単に安定なシステムと呼ぶことにする。

（注意）安定な伝達関数がプロパーである場合、インパルス応答には単位インパルス関数が現われるため、(8.1) 式は成り立たないが、この場合も有界入力有界出力安定は同様に示すことができる。詳細は参考文献 6) を参照のこと。

8.1　安定判別法

ある伝達関数で記述されるシステムの安定性は、すべての極が虚軸を含まない複素開左半平面に存在することで判定できる。伝達関数が (7.1) 式で与えられている場合、極は

$$s^n + a_{n-1}s^{n-1} + \cdots + a_1 s + a_0 = 0 \tag{8.3}$$

の解である。一方、図 8.1 に示すフィードバックに伴う制御入力 $U(s) = R(s) - G_2(s)Y(s)$ を施したシステムの場合、基準入力 $R(s)$ から出力 $Y(s)$ までの伝達関数は、$G(s) = G_1(s)G_2(s)$ とおけば

$$W(s) = \frac{G_1(s)}{1 + G(s)}$$

で与えられる。この伝達関数 $W(s)$ を閉ループ伝達関数という。また、$1+G(s)$ を還送差という。このとき、$G(s)$ を開ループ伝達関数あるいは一巡伝達関数ともいう。したがって、図 8.1 の閉ループシステムの安定性は閉ループ伝達関数の極によって決まる。閉ループ伝達関数の極は、還送差 $1 + G(s)$ により

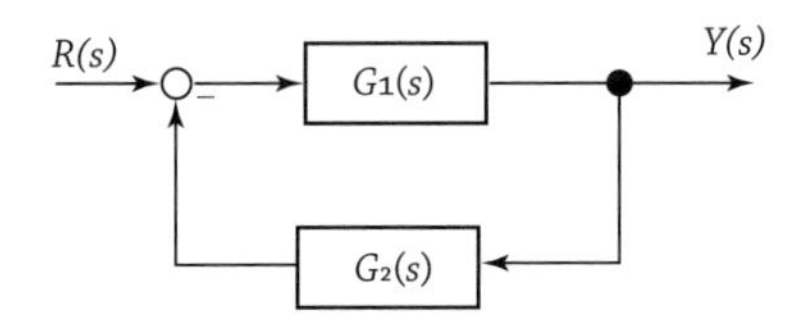

図 **8.1** 閉ループシステム

$$1 + G(s) = 0 \tag{8.4}$$

の解として定まる。これを $G(s)$ の極と区別する意味で、閉ループ極と呼ぶことがある。このように、極を与える (8.3) 式の n 次方程式や (8.4) 式の n 次の分子方程式を特性方程式という。特性方程式の解を求めなくても、すべての極の実部が負の値をとれば、システムは安定であることがわかる。そこで、(8.3) 式や (8.4) 式の解を求める代わりに、すべての解の実部が負であるための必要十分条件が与えられている。

8.1.1 ラウス・フルビッツの安定判別法

いま、特性方程式を

$$a_n s^n + a_{n-1} s^{n-1} + \cdots + a_1 s + a_0 = 0 \tag{8.5}$$

とする。とくに $a_n = 1$ の場合、この特性方程式はモニックであるという。ただし、a_n で (8.5) 式の両辺を割ることで、モニックな特性方程式を作ることができる。ここでは、$a_n > 0$ として、(8.5) 式に対して、表 8.1 を作る。この表をラウス表という。この表の作り方の規則を以下に述べる。

表 8.1　ラウス表

第 0 行	r_{01}	r_{02}	r_{03}	r_{04}	$\cdots$
第 1 行	r_{11}	r_{12}	r_{13}	r_{14}	$\cdots$
第 2 行	r_{21}	r_{22}	r_{23}	r_{24}	$\cdots$
第 3 行	r_{31}	r_{32}	r_{33}	r_{34}	$\cdots$
第 4 行	r_{41}	r_{42}	r_{43}	r_{44}	$\cdots$
第 5 行	r_{51}	r_{52}	r_{53}	r_{54}	$\cdots$
$\vdots$	$\vdots$	$\vdots$	$\vdots$		
第 $n-2$ 行	$r_{n-2,\,1}$	$r_{n-1,\,2}$			
第 $n-1$ 行	$r_{n-1,\,1}$				
第 n 行	$r_{n\,1}$				

1. 第 0 行

$$r_{01} = a_n, r_{02} = a_{n-2}, r_{03} = a_{n-4}, \cdots$$

2. 第 1 行

$$r_{11} = a_{n-1}, r_{12} = a_{n-3}, r_{13} = a_{n-5}, \cdots$$

3. 第 i 行以降 $(i = 2, \cdots, n-1)$

$$r_{ij} = \frac{r_{i-1,\,1} r_{i-2,\,j+1} - r_{i-2,\,1} r_{i-1,\,j+1}}{r_{i-1,\,1}}$$

$$= -\frac{1}{r_{i-1,\,1}}\det\begin{bmatrix} r_{i-2,\,1} & r_{i-2,\,j+1} \\ r_{i-1,\,1} & r_{i-1,\,j+1} \end{bmatrix} \qquad (8.6)$$

4. 第 n 行

$$r_{n1} = a_0$$

第 0 行と第 1 行は特性方程式 (8.5) 式の係数を交互に $r_{01} = a_n$ から始め降冪の順に並べ、n が偶数の場合 $r_{0,\frac{n}{2}+1} = a_0$ まで定義し、それ以降は $r_{1j} = 0(j \geq \frac{n}{2}+1)$, $r_{0j} = 0(j \geq \frac{n+1}{2}+1)$ とする。n が奇数の場合 $r_{1,\frac{n+1}{2}} = a_0$ まで定義し、それ以降は $r_{0j} = 0(j \geq \frac{n+1}{2}+1)$, $r_{1j} = 0(j \geq \frac{n+1}{2}+1)$ とする。第 2 行以降は、(8.6) 式に従って計算する。以上の計算によって得られるラウス表の左端の数列 $r_{01}, r_{11}, \cdots, r_{n1}$ を**ラウス数列**と呼ぶ。このとき、以下の結果が得られている。

定理 8.1 特性方程式 (8.5) 式のすべての解の実部が負であるための必要十分条件は

(1) (8.5) 式の係数 $a_n, \cdots, a_0$ がすべて正

(2) ラウス数列 $r_{01}, r_{11}, \cdots, r_{n\,1}$ がすべて正

となることである。この安定判別法は**ラウスの方法**と呼ばれる。ただし、$n \leq 2$ の場合は条件 (2) は不要である。 ■

証明は参考文献 6) を参照のこと。

（注意）ラウス数列の符号が変わる（正から負、負から正）回数を n_r とすると、(8.5) 式の実部が正となる解の数は n_r 個、実部が負となる解の数は $n - n_r$ 個となる。また、第 i 行全部が 0 になる場合や第 i 行全部は 0 でないが r_{i1} が 0 になる場合は、第 $i+1$ 行以降のラウス表を作成することができない。このような場合、実部が正となる解や虚軸上の解が現れる。このため、この段階ですべての解の実部が負とならないことが判定できるが、実部が正となる解の数

や虚軸上の解の個数を知りたい場合には作成手順を修正してラウス表を完成させ、これらの個数を知る方法が知られている。詳細については参考文献 6) を参照のこと。

ラウスの方法と等価な方法として、フルビッツの方法が知られている。この方法では、まず、(8.7) 式のフルビッツ行列を定義する。

$$H_n = \begin{bmatrix} a_{n-1} & a_{n-3} & a_{n-5} & a_{n-7} & \cdots & 0 \\ a_n & a_{n-2} & a_{n-4} & a_{n-6} & \cdots & 0 \\ 0 & a_{n-1} & a_{n-3} & a_{n-5} & \cdot & \vdots \\ 0 & a_n & a_{n-2} & a_{n-4} & & \vdots \\ \vdots & \vdots & \cdot & & \ddots & \vdots \\ 0 & 0 & \cdots & \cdots & \cdots & a_0 \end{bmatrix} \tag{8.7}$$

また、フルビッツ行列の主座小行列式 $\Delta_1, \Delta_2, \cdots, \Delta_n$ をつぎのように与える。

$$\Delta_1 = a_{n-1}, \Delta_2 = \det \begin{bmatrix} a_{n-1} & a_{n-3} \\ a_n & a_{n-2} \end{bmatrix}, \cdots, \Delta_n = \det H_n \tag{8.8}$$

このとき、つぎの定理が成り立つ。

定理 8.2　特性方程式 (8.5) 式のすべての解の実数部が負であるための必要十分条件は

(1)　(8.5) 式の係数 $a_n, \cdots, a_0$ がすべて正

(2)　フルビッツ行列の主座小行列式 $\Delta_1, \Delta_2, \cdots, \Delta_n$ がすべて正

となることである。ただし、$n \leq 2$ の場合は条件 (2) は不要である。　■

証明は参考文献 6) を参照のこと。

〔例題 **8.1**〕$a_n > 0$ を前提としたとき、ラウスの方法とフルビッツの方法は等価である。特性方程式の次数が $n = 4$ の場合について、これを証明せよ。

〔解答〕$n = 4$ の場合の特性方程式を $a_4 s^4 + a_3 s^3 + a_2 s^2 + a_1 s + a_0 = 0$ とす

る。このとき、ラウス数列 $r_{01}, ..., r_{41}$ およびフルビッツ行列の $\Delta_1, ..., \Delta_4$ は次で与えられる。

$$
\begin{aligned}
r_{01} &= a_4,\ r_{11} = a_3,\ r_{21} = \frac{a_3a_2 - a_4a_1}{a_3}, \\
r_{31} &= \frac{a_1(a_3a_2 - a_1a_4) - a_3^2a_0}{a_3a_2 - a_1a_4},\ r_{41} = a_0 \\
\Delta_1 &= a_3,\ \Delta_2 = \det\begin{bmatrix} a_3 & a_1 \\ a_4 & a_2 \end{bmatrix} = a_3a_2 - a_4a_1 \\
\Delta_3 &= \det\begin{bmatrix} a_3 & a_1 & 0 \\ a_4 & a_2 & a_0 \\ 0 & a_3 & a_1 \end{bmatrix} = a_1(a_3a_2 - a_1a_4) - a_3^2a_0 \\
\Delta_4 &= \det\begin{bmatrix} a_3 & a_1 & 0 & 0 \\ a_4 & a_2 & a_0 & 0 \\ 0 & a_3 & a_1 & 0 \\ 0 & a_4 & a_2 & a_0 \end{bmatrix} = a_0\Delta_3
\end{aligned}
$$

ここで、ラウス数列 $r_{11}, ..., r_{41}$ およびフルビッツ行列の主座小行列式 $\Delta_1, ..., \Delta_4$ を比較すると $r_{11} = \Delta_1, r_{21} = \Delta_2/\Delta_1, r_{31} = \Delta_3/\Delta_2, r_{41} = \Delta_4/\Delta_3$ となり、$r_{i1} = \Delta_i/\Delta_{i-1}$ $(i = 2, 3, 4)$ となることがわかる。したがって、$r_{01} = a_4 > 0$ を前提としたとき、ラウス数列 $r_{11}, ..., r_{41}$ がすべて正であることとフルビッツ行列の主座小行列式 $\Delta_1, \cdots, \Delta_4$ がすべて正であることは等価である。

8.1.2　ナイキストの安定判別法

ラウス・フルビッツの安定判別法は代数的な判別法であるのに対して、開ループ伝達関数の複素平面上の軌跡を用いて判別する方法としてナイキストの安定判別法が知られている。ここでも、図 8.1 の閉ループシステムを考える。開ループ伝達関数 $G(s)$ の極と零点は既知であると仮定して、閉ループシステムの安定性を評価することができる。まず、図 8.2 に示すナイキスト閉曲線とナイキスト軌跡を定義する。ナイキスト閉曲線は虚軸を直径とする半径無限大の複素右半平面上の半円である。この半円上を原点から時計方向に s を一周させたとき、開ループ伝達関数 $G(s)$ が複素平面上に描く軌跡をナイキスト軌跡という。

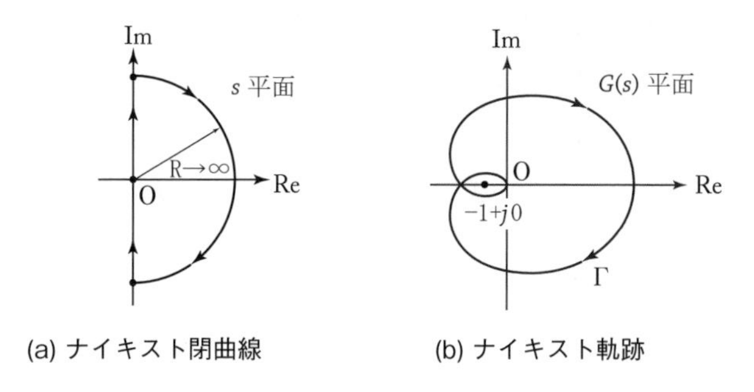

(a) ナイキスト閉曲線　　(b) ナイキスト軌跡

図 **8.2**　ナイキスト閉曲線とナイキスト軌跡の例

ここで、$G(s)$ をプロパーな有理関数とし、その極で複素右半平面上にあるものの個数を P とする。ただし、極は虚軸上にはない、すなわち、0 や純虚数 $j\omega$ とはならないと仮定する（後に、この仮定が成立しない場合についても説明する）。また、$G(s)$ のナイキスト軌跡が点 $(-1+j0)$ を時計方向に回る回数を N とする。このとき、以下の定理が成立する。

定理 8.3　図 8.1 の閉ループシステムが安定であるための必要十分条件は

$$N = -P \tag{8.9}$$

となることである。ここで“−”符号の意味は、時計方向を正の角度にとっているため、反時計方向の回転を意味する。

証明. 開ループ伝達関数 $G(s)$ の極（以後、開ループ極と呼ぶ）を $p_i(i=1,\cdots,n)$、零点を $z_i(i=1,\cdots,m)$ とすれば

$$G(s) = \frac{K\prod_{i=1}^{m}(s-z_i)}{\prod_{i=1}^{n}(s-p_i)}$$

と書ける。このとき、閉ループシステムの還送差は

$$1 + G(s) = \frac{\prod_{i=1}^{n}(s - p_i) + K\prod_{i=1}^{m}(s - z_i)}{\prod_{i=1}^{n}(s - p_i)}$$

となる。この分子多項式を 0 とおいた時の解を $r_i(i = 1, \cdots, n)$ とすれば

$$1 + G(s) = \frac{\prod_{i=1}^{n}(s - r_i)}{\prod_{i=1}^{n}(s - p_i)} \tag{8.10}$$

と書くことができる。したがって、この $r_i(i = 1, \cdots, n)$ が閉ループ極となり、

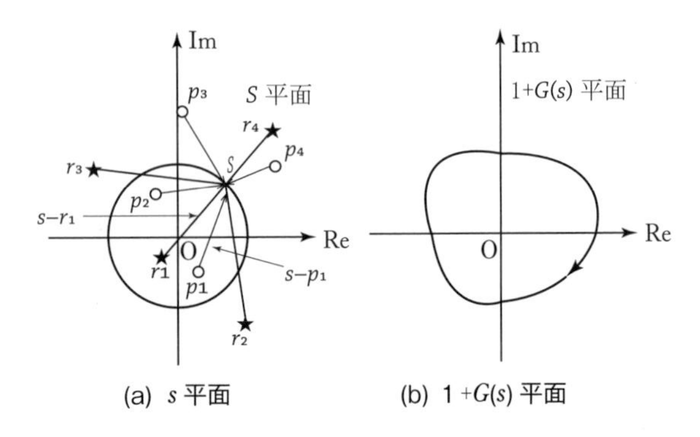

図 **8.3**　$1 + G(s)$ の写像

閉ループシステムの安定性を決める。ここでの証明は簡単のため、$n = 4$ の場合を考える。そして、複素平面上（s 平面）に閉ループ極 $r_i(i = 1, \cdots, 4)$ を★で、開ループ極 $p_i(i = 1, \cdots, 4)$ を○で描き、図 8.3 に示すように配置されているとする（ただし、$n \neq 4$ で、どのような極零点配置においても証明の論旨は以下と同様である）。このとき、閉ループ極 r_1 と開ループ極 p_1, p_2 を内部に含む閉曲線上を複素数 s がこの閉曲線上を時計回りに一周する場合を考えると、複素数の絶対値と偏角を用いて

$$s - p_i = |s - p_i|e^{j\theta_i}, \ \ s - r_i = |s - r_i|e^{j\phi_i}, \ \ i = 1, \cdots, 4$$

と書けるため、複素数 $1 + G(s)$ は

$$1 + G(s) \ = \ |1 + G(s)|e^{j\angle 1+G(s)}$$

$$= \frac{\prod_{i=1}^{4} |s - r_i|}{\prod_{i=1}^{4} |s - p_i|} e^{j \sum_{i=1}^{4} \phi_i - \theta_i} \tag{8.11}$$

となる。ここで、$1 + G(s)$ の偏角 $\angle 1 + G(s)$ を決める $\theta_i, \phi_i (i = 1, \cdots, 4)$ の正味の回転角は、図 8.3(a) より

$$\theta_1 = 2\pi, \theta_2 = 2\pi, \phi_1 = 2\pi$$

となり、残りの偏角の正味の回転角は

$$\theta_3 = \theta_4 = \phi_2 = \phi_3 = \phi_4 = 0$$

である。したがって、$\angle 1 + G(s)$ の正味の回転角は $2\pi - 2\pi - 2\pi$ より -2π となる。すなわち、時計方向を正の回転角としていることから、$1 + G(s)$ が反時計方向に原点の回りを回る回数は 1 である。

つぎに、s 平面上の閉曲線を図 8.2 に示すナイキスト閉曲線とする。このとき、複素右半平面の閉ループ極の数を Z とすれば、ナイキスト閉曲線は複素右半平面上のすべての閉ループ極と開ループ極をその内部に含むことになるため、$1 + G(s)$ の描く軌跡が原点の回りを時計方向に回る回数は $Z - P$ となることがわかる。ところが、図 8.4 に示すように、$1 + G(s)$ が原点の回りを回るということは、$G(s)$ が $-1 + j0$ の回りを回ることと等価である。したがって、閉ループシステムが安定であるための必要十分条件は $Z = 0$ であることから、$G(s)$ が点 $-1 + j0$ の回りを時計方向に回る回数 N が $N = -P$ となることである。■

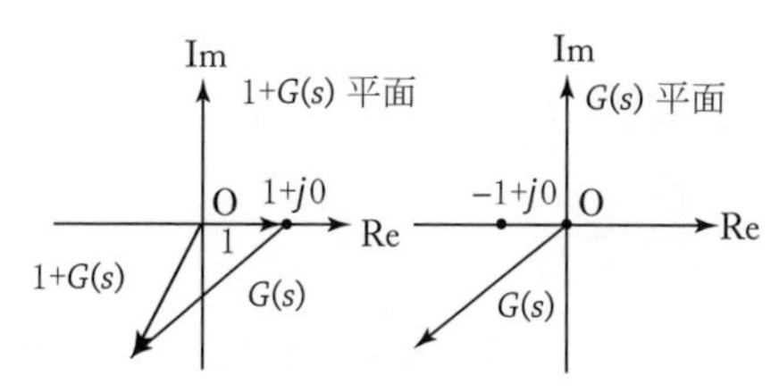

図 **8.4**　1+G(s) 平面と G(s) 平面

定理 8.3 では、虚軸を含む閉曲線を考えたが、虚軸上に開ループ極がある場合、開ループ伝達関数 $G(s)$ の大きさが無限大となり、$G(s)$ のナイキスト軌跡を描くことができない。そのため、図 8.5 に示すように、虚軸上の開ループ極を右側に避ける微小半径 ε の半円の突起をもったナイキスト閉曲線に変更する。これによって虚軸上の開ループ極はナイキスト閉曲線に含まれない。つぎの例

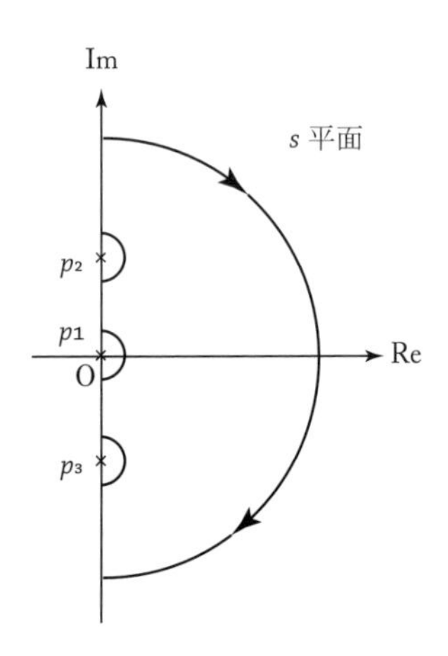

図 **8.5**　虚軸上に開ループ極をもつ場合のナイキスト閉曲線

題でこれを具体的に示す。

〔例題 **8.2**〕開ループ伝達関数 $G(s)$ が次式で与えられている。

$$G(s) = \frac{1}{s(s+a)(s+b)}$$

ただし、$a > 1, b > 1$ とする。このとき図 8.1 の閉ループシステムの安定性をナイキストの安定判別法を用いて調べよ。

〔解答〕開ループ極は $0, -a, -b$ である。原点に極をもつため、ナイキスト閉曲線は図 8.6(a) のように原点を半径 ε の半円で迂回している。このナイキスト閉曲線に含まれる不安定な開ループ極はない。すなわち $P = 0$ である。原点を迂

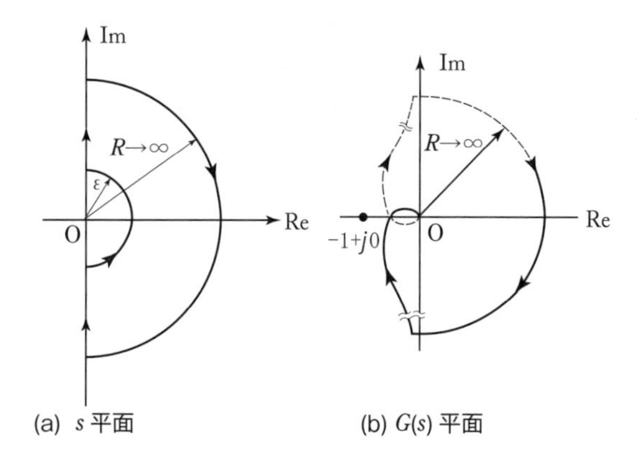

図 **8.6** $G(s)$ が原点に極をもつ場合のナイキスト閉曲線とナイキスト軌跡

回する s を $s = \varepsilon e^{j\theta}, -\pi/2 \leq \theta \leq \pi/2$ とすれば、このときの $G(s)$ は $\varepsilon \ll a, b$ であるから

$$G(s) = \frac{1}{\varepsilon ab}e^{-j\theta}$$

と近似できる。これに対応するナイキスト軌跡が図 8.6(b) の半径無限大の半円である。$s = j\omega, \omega \neq 0$ となるときと合わせて図 8.6(b) のナイキスト軌跡が得られる。この軌跡は $-1 + j0$ を回らないため、$N = 0$ となり、図 8.1 の閉ループシステムは安定であることが示される。

例題 8.2 では原点を迂回する場合を考えたが、原点以外の虚軸上の任意の極を迂回する場合も同様に処理できる。一方、例題 8.2 より、分母次数が分子次数より大きく、複素右半平面に極をもたない $G(s)$ に対して、以下の事実が示される。

(1) ナイキスト閉曲線に沿った $G(s)$ のナイキスト軌跡は実軸に対して対称

(2) $s = j\omega$ としたとき、$G(s)$ のベクトル軌跡が $\omega \to \infty$ で点 $(-1, 0)$ を左に見て、原点に収束

したがって、開ループ伝達関数 $G(s)$ が複素右半平面に極をもたず、分母多項式の次数が分子多項式の次数より大きいとき、図 8.1 の閉ループシステムが安定であるための必要十分条件は、$G(s)$ のベクトル軌跡が $\omega \to \infty$ で $-1 + j0$ を左に見て、原点に収束することである。この条件が成り立つ場合の $G(j\omega)$ は図 8.7 のような軌道となる。ここで、原点を O として、$G(j\omega)$ が実軸と交差する

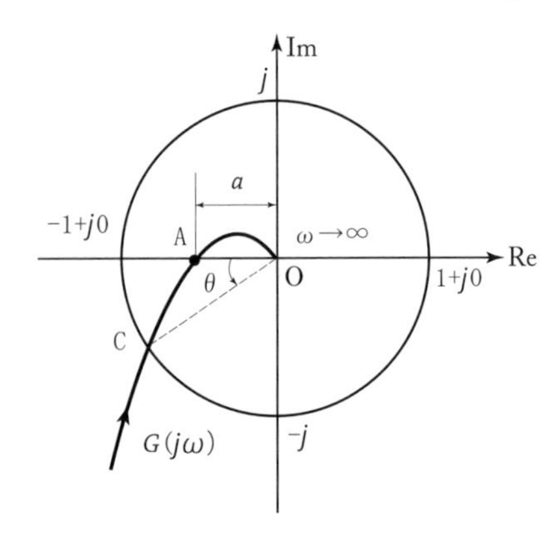

図 **8.7** 位相余裕とゲイン余裕

点を A、単位円と交差する点を C とすると、線分 OA の長さ a と線分 OC と実軸のなす角 θ を用いて $G(j\omega)$ と $-1 + j0$ との距離を測ることができる。すなわち、$G(j\omega)$ が $-1 + j0$ を通過する場合が安定限界であり、$-1 + j0$ より遠い軌道を通れば安定性に余裕があるということができる。そこで、$1/a$ をゲイン余裕、θ を位相余裕と呼び、安定の度合いを測る物差として用いる。また、ベクトル軌跡が C 上を通過するとき、すなわち $|G(j\omega_c)| = 1$ となるときの角周波数 ω_c をゲイン交差角周波数と呼ぶ。

8.2 リアプノフの安定性理論

これまでの安定性の議論は、伝達関数の極が複素左半平面に存在する条件を求めるものであり、入力と出力の関係でみれば、有界入力有界出力安定の条件につい

ての議論であった。これに対して、本節では状態空間表現されたシステムの安定性について議論する。考えるシステムは状態変数 $x(t) = [x_1(t)\ x_2(t)\ \cdots\ x_n(t)]^T$ として

$$\dot{x}(t) = f(x(t)) \tag{8.12}$$

と記述される。ここで、$f(x(t)) = [f_1(x(t))\ f_2(x(t))\ \cdots\ f_n(x(t))]^T$ であり、数学ではベクトル場と呼ぶ。(8.12) 式は制御入力 $u(t)$ を考えていないため、自律系と呼ばれる。また、$f(x_e) = 0$ を満たす定数ベクトル x_e を平衡点あるいは不動点と呼ぶ。ここでは、(8.12) 式の平衡点は原点とする。4 章と 5 章で議論した状態方程式では、$f(x(t))$ を n 次正方行列 A と n 次状態変数 $x(t)$ を用いて $Ax(t)$ と書いた。すなわち、$f(x(t)) = Ax(t)$ である。このように、状態変数に関して一次の項しか現れない自律系を線形自律系という。したがって、線形自律系は (8.12) 式で表される自律系に含まれる特別な場合と考えてよい。ここでは、まず、(8.12) 式の原点の安定性について議論する。

初期状態 $x_0 = x(t_0)$ に対する (8.12) 式の解を $x(t; x_0, t_0)$ と書く。このとき、原点の安定性について以下のように定義する。

定義 8.1 (1) 任意の $\epsilon > 0$ に対して $\delta > 0$ が存在し、$\|x_0\| < \delta$ を満たすすべての x_0 と $t \geq t_0$ について、$\|x(t; x_0, t_0)\| < \epsilon$ となるとき、原点 $x(t) = 0$ を（リアプノフの意味で）安定という。

(2) （リアプノフの意味で）安定であり、かつ、$\tilde{\delta} > 0$ が存在し、$\|x_0\| < \tilde{\delta}$ を満たすすべての x_0 に対して、$x(t; x_0, t_0) \to 0 (t \to \infty)$ となるとき、原点 $x(t) = 0$ を漸近安定という。

(3) ある $\epsilon > 0$ に対してどのように $\delta > 0$ をえらんでも、$\|x_0\| < \delta$ を満たすある x_0 に対して、$\|x(t; x_0, t_0)\| > \epsilon$ となる $t \geq t_0$ が存在するとき、原点 $x(t) = 0$ を不安定という。 ■

図 8.8 に（リアプノフの意味で）安定と漸近安定の概念を二次元の状態空間を用いて示す。（リアプノフの意味で）安定とは、どんなに小さな ϵ に対しても、必ず

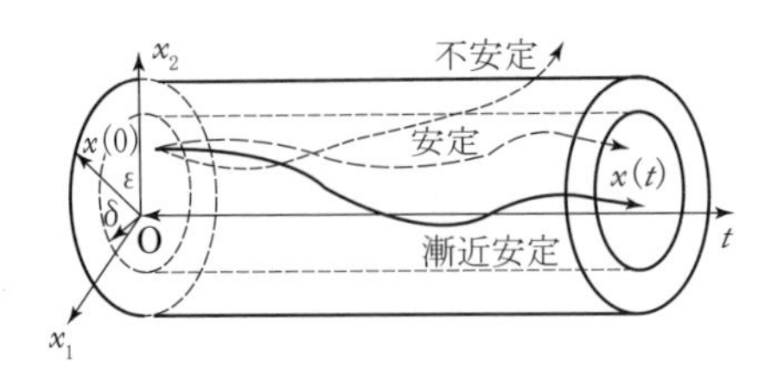

図 **8.8** 安定性の概念

δが存在し、その中から出発する状態軌道はϵの半径の円から外へ出ない。一方、漸近安定とは、$\tilde{\delta}$が存在し（図では同じδとしている）、その中から出発する状態軌道は、時間が無限に経過した後には、原点に収束することを意味する。これら安定性の定義は原点の近傍に限られる局所的な概念となるが、$f(x(t)) = Ax(t)$となる線形システムの場合は大域的な概念である。この場合、原点は大域的に漸近安定であるという。非線形システムの場合でも、大域的な漸近安定性が確保される場合もあるが、ここでは局所的な漸近安定性を判定する方法を以下に示す。

定義 8.2　以下の条件を満たす関数$V(x)$を正定関数という。

(1)　$\partial V(x)/\partial x$が連続

(2)　$V(0)=0$

(3)　任意の$x \neq O_{n\times 1}$に対して$V(x) > 0$

また、(3) の条件が、$V(x) \geq 0$の場合、$V(x)$を準正定関数という。さらに$V(x) < 0$の場合、$V(x)$を負定関数、$V(x) \leq 0$の場合、$V(x)$を準負定関数という。 ■

定理 8.4　原点を含むある領域Ωで、正定関数$V(x)$が存在して

(1)　$V(x)$の (8.12) 式の解軌道$x(t)$に沿った時間微分が負定、すなわち

$$\frac{dV(x)}{dt} = \left(\frac{\partial V(x)}{\partial x}\right)^T \dot{x}(t) = \left(\frac{\partial V(x)}{\partial x}\right)^T f(x) < 0 \tag{8.13}$$

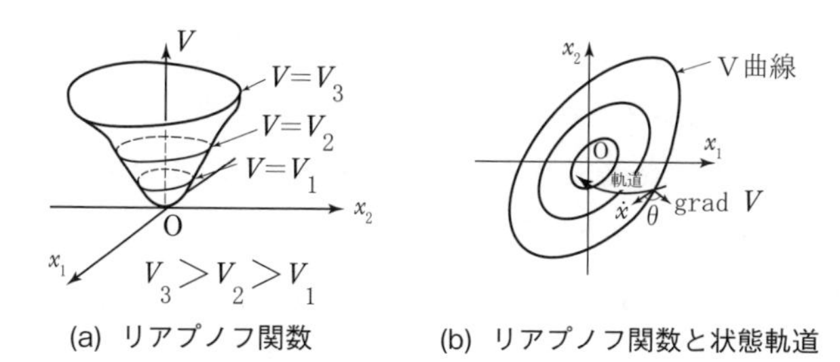

(a) リアプノフ関数　(b) リアプノフ関数と状態軌道

図 **8.9**　リアプノフの安定定理

であれば、(8.12) 式の原点は漸近安定である。ただし

$$\left(\frac{\partial V(x)}{\partial x}\right)^T = \left[\begin{array}{ccc} \frac{\partial V(x)}{\partial x_1} & \cdots & \frac{\partial V(x)}{\partial x_n} \end{array}\right]$$

(2)　$V(x)$ の (8.12) 式の解軌道 $x(t)$ に沿った時間微分が準負定、すなわち

$$\frac{dV(x)}{dt} = \left(\frac{\partial V(x)}{\partial x}\right)^T \dot{x}(t) = \left(\frac{\partial V(x)}{\partial x}\right)^T f(x) \leq 0 \qquad (8.14)$$

であれば、(8.12) 式の原点は（リアプノフの意味で）安定である。ただし、$\dot{V}(x_0) = 0$ を満たす初期状態 x_0 に対する (8.12) 式の解 $x(t; x_0, t_0)$ が $\dot{V}(x(t))$ を恒等的に 0 としない、すなわち $\dot{V}(x(t; x_0, t_0)) \equiv 0$ とならないならば、(8.12) 式の原点は漸近安定である。(8.13) 式あるいは (8.14) 式を満たす正定関数 $V(x)$ をリアプノフ関数という。■

定理 8.4 の証明は参考文献 9) に譲り、ここでは定理の直観的な理解を示す。図 8.9(a) に二次元の状態空間で定義されるリアプノフ関数を示す。図 8.9(b) は状態空間上での (8.12) 式の解軌道を示す。リアプノフ関数の値が V_1, V_2, V_3 をとる場合を考える。それぞれの値に対して二次元状態空間上の閉曲線（V 曲線）が描ける。これを $\{x \in R^2 | V(x) = V_i\}(i = 1, 2, 3)$ と書き、レベル集合という。$V(x)$ の (8.12) 式の解軌道に沿った時間微分は $\partial V(x)/\partial x$ が V 曲線の法線ベク

トル、すなわち gradV であることから、解軌道の速度ベクトル $\dot{x}$ と gradV の内積である。したがって $\dot{V}(x) \leq 0$ は、gradV と解軌道の速度ベクトル $\dot{x}$ のなす角 θ に対して常に $\cos\theta \leq 0$ が成り立つことを意味する。すなわち、この角度が 90 度以上であることを意味する。定理 8.4(1) はリアプノフ関数の (8.12) 式の解軌道に沿った時間微分が常に負であることから、常に $\theta > 90$[deg] となり、解の速度ベクトルが常に V 曲線の内側に向かうことを意味している。したがって、$V(x) \to 0$ $(t \to \infty)$ であり、$V(0) = 0$ から、原点の漸近安定性が容易に理解できる。一方、定理 8.4 の (2) では、$\dot{V}(x_0) = 0$ となる x_0 において、$\theta = 90$[deg] となり、リアプノフ関数の減少は止まり、リアプノフの意味で安定となるが、x_0 を初期値とする (8.12) 式の解 $x(t; x_0, t_0)$ が $\dot{V}(x(t; x_0, t_0)) < 0$ となる場合、ふたたび $\theta > 90$[deg] を回復し、V 曲線の内側に向かい漸近安定となることを示している。つぎの例題で漸近安定なシステムの例を示す。

〔例題 **8.3**〕つぎの自律系の原点の安定性を調べよ。

$$\dot{x}(t) = \begin{bmatrix} x_2(t) \\ -x_1(t) - f(x_2(t)) \end{bmatrix}, \quad x(t) = [x_1(t) \ \ x_2(t)]^T$$

ただし、$f(x_2(t))$ は $x_2(t)$ の関数であり、$f(0) = 0$、$x_2(t)f(x_2(t)) > 0$ とする。

〔解答〕リアプノフ関数を

$$V(x) = \frac{1}{2}\left\{x_1^2(t) + x_2^2(t)\right\}$$

とすれば、解軌道に沿った時間微分は

$$\dot{V}(x(t)) = x_1(t)x_2(t) + x_2(t)\left\{-x_1(t) - f(x_2(t))\right\}$$

であるから、$\dot{V}(x(t)) = -x_2(t)f(x_2(t))$ となる。ある時刻 t_0 で $\dot{V}(x(t_0)) = 0$ となったとする。このとき $x_1(t_0)$ は任意、$x_2(t_0) = 0$ である。$x_1(t_0) \neq 0$ であれば、$\dot{x}_1(t_0) = 0, \dot{x}_2(t_0) = x_1(t_0)$ であるから、$\dot{x}_2(t_0) \neq 0$ となり、$x_2(t) \neq 0$ となる時刻 $t > t_0$ が存在するため、それ以後、$\dot{V}(x(t)) \equiv 0$ となることはない。したがって、原点は漸近安定である。

この例題では、全領域 $\Omega = R^2$ において $V(x)$ は正定関数であり、定理 8.4 の (2) の条件を満たすことがわかる。さらに、リアプノフ関数 $V(x)$ に関する付加的条件（$\|x\| \to \infty$ のとき $V(x) \to \infty$）を満たすこともわかる。このように領域 Ω が全領域に拡大され、リアプノフ関数に関する付加的条件が満たされる場合、原点は大域的に（全領域 $\Omega = R^2$ で）漸近安定となる[9]。

また、つぎの例は、リアプノフの意味で安定となる場合である。

〔例題 **8.4**〕つぎの自律系の原点の安定性を調べよ。

$$\begin{aligned}\dot{x}(t) &= 2y(t)\{z(t)-2\} \\ \dot{y}(t) &= -x(t)\{z(t)-1\} \\ \dot{z}(t) &= x(t)y(t)\end{aligned}$$

〔解答〕リアプノフ関数を $V(x,y,z) = ax^2(t) + by^2(t) + cz^2(t),\ a \geq 0, b \geq 0, c \geq 0$ の形で求める。この $V(x,y,z)$ に対して、解軌道に沿った時間微分は

$$\begin{aligned}\dot{V}(x,y,z) = {} & 4ax(t)y(t)\{z(t)-2\} - 2bx(t)y(t)\{z(t)-1\} \\ & +2cx(t)y(t)z(t)\end{aligned}$$

である。このとき、$b = 4a, c = 2a$ とすれば、$\dot{V}(x,y,z) = 0$ となる。すなわち、$V(x,y,z) = x^2(t) + 4y^2(t) + 2z^2(t)$ とすれば、与えられた自律系の解軌道に沿った時間微分 $\dot{V}$ は $\dot{V}(x,y,z) \equiv 0$ となる。このことから、原点は漸近安定ではなく、(リアプノフの意味で）安定となる。

（注意）定理 8.4 の条件は十分条件であるため、リアプノフ関数が見つからないからといって、(8.12) 式の原点が不安定であるとは限らない。

一方、n 次正方行列 A を用いて $f(x(t)) = Ax(t)$ とした線形自律系

$$\dot{x}(t) = Ax(t) \tag{8.15}$$

の原点の漸近安定性は、n 次正方行列 A の n 個の固有値の実部が負となることである。すなわち、特性方程式

$$\det(sI_n - A) = 0$$

の解がすべて負の実部をもつことである。このとき、常に大域的に漸近安定となる。これを指数安定と呼ぶこともある。また、このような行列を安定行列と呼ぶ。n 次正方行列の特性方程式は n 次方程式となることから、解を求めずとも、ラウス・フルビッツの判別法を用いることで、安定行列であるかどうかを調べることができる。これと等価な判別法としてつぎの定理を示す。

定理 8.5　線形自律系 (8.15) の原点が、大域的に漸近安定であるための必要十分条件は、任意に与えられた正定行列 Q に対して

$$A^T P + PA = -Q \tag{8.16}$$

となる正定行列 P がただ一つ存在することである。(8.16) 式をリアプノフ方程式という。 ■

（注意）定理 8.5 では、Q を正定行列としたが、行列 Q が準正定行列の場合でも、Q が $Q = C^T C$ と書けているとき対 (C, A) が可観測であれば、(8.15) 式の原点が大域的に漸近安定であるための必要十分条件は、(8.16) 式を満たす正定行列 P がただ一つ存在することである。定理の証明については、参考文献 8) を参照のこと。

線形自律系 (8.15) の原点近傍での状態軌道については、古くから詳細に解析されている[10)]。とくに以下の例題に示すように、原点が漸近安定になる場合についても、いくつかの特徴的な振る舞いが知られている。

〔例題 **8.5**〕

$$\dot{x}(t) = \begin{bmatrix} 0 & 1 \\ -\omega^2 & -2\gamma \end{bmatrix} x(t)$$

に対して、つぎの三つの場合について、具体的な数値を用いて状態空間上の軌道を描け。

$$\begin{cases} (1) & \omega > \gamma > 0 \\ (2) & \gamma > \omega > 0 \\ (3) & \omega = \gamma > 0 \end{cases}$$

〔解答〕

(1) この場合の特性方程式の解は $-\gamma \pm j\sqrt{\omega^2 - \gamma^2}$ で与えられる。ここで、$\omega^2 = 2, \gamma = 1$ とすれば、行列 A の固有値は、$-1 \pm j$ となる。したがって、座標変換 $x(t) = Py(t)$ によって、微分方程式は (8.17) 式へ変換される。

$$\dot{y}(t) = \begin{bmatrix} -1 & -1 \\ 1 & -1 \end{bmatrix} y(t) \tag{8.17}$$

ただし

$$P = \begin{bmatrix} 1 & 0 \\ -1 & -1 \end{bmatrix}$$

である。この微分方程式は、容易に解くことができ、次式で与えられる。

$$\begin{bmatrix} y_1(t) \\ y_2(t) \end{bmatrix} = e^{-t} \begin{bmatrix} \cos t & -\sin t \\ \sin t & \cos t \end{bmatrix} \begin{bmatrix} y_1(0) \\ y_2(0) \end{bmatrix}$$

この状態空間上の軌道を図 8.10(a) に示す。この軌道を反時計回りの（漸近）安定なスパイラルと呼ぶ。

(2) この場合の特性方程式の解は $-\gamma \pm \sqrt{\gamma^2 - \omega^2}$ で与えられる。ここで、$\omega^2 = 3, \gamma = 2$ とすれば、行列 A の固有値は、$-1, -3$ となる。したがって、座標変換 $x(t) = Py(t)$ によって、微分方程式は (8.18) 式へ変換される。

$$y(t) = \begin{bmatrix} -1 & 0 \\ 0 & -3 \end{bmatrix} y(t) \tag{8.18}$$

ただし

$$P = \begin{bmatrix} 1 & -1 \\ -1 & 3 \end{bmatrix}$$

である。この微分方程式は、容易に解くことができ、状態空間上の軌道は、$y_2(t) = cy_1^3(t)$ で与えられる（図 8.10(b)）。このとき、原点は（漸近）安定な結節点であるという。

(3) この場合の特性方程式の解は $-\gamma$ で与えられる。ここで、$\gamma = 1$ とすれば、行列 A の固有値は、-1（重複固有値）となる。$\mathrm{rank}[-I_2 - A] = 1$ であるから、固有値 -1 に対応する固有ベクトルは一つしかない。したがって、体格かできないため座標変換 $x(t) = Py(t)$ によって、微分方程式は (8.19) 式で記述される。

$$\dot{y}(t) = \begin{bmatrix} -1 & 1 \\ 0 & -1 \end{bmatrix} y(t) \tag{8.19}$$

ただし

$$P = \begin{bmatrix} 1 & 0 \\ -1 & 1 \end{bmatrix}$$

である。この解は、次式で与えられる。

$$\begin{bmatrix} y_1(t) \\ y_2(t) \end{bmatrix} = \begin{bmatrix} e^{-t} & te^{-t} \\ 0 & e^{-t} \end{bmatrix} \begin{bmatrix} y_1(0) \\ y_2(0) \end{bmatrix}$$

状態平面上の軌道は図 8.10(c) となる。この場合も原点は（漸近）安定な結節点となる。

線形自律系 (8.15) の原点が漸近安定であることの意味を、m 入力 l 出力の線形システム (4.13)、(4.14) に対して考える。(4.13) 式の解は

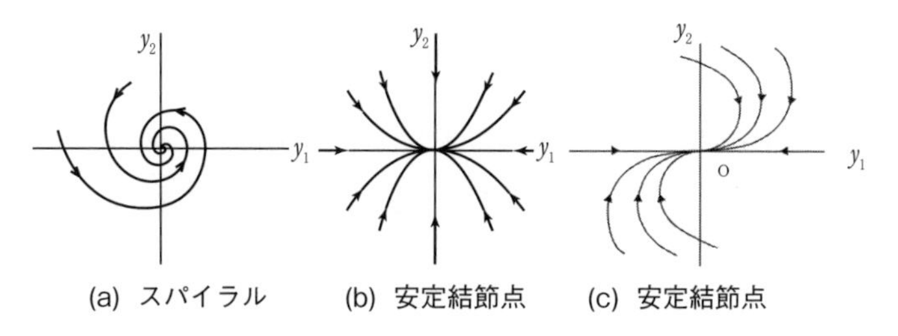

図 **8.10** 固有値により定まる状態軌道

$$x(t) = e^{At}x(0) + \int_0^t e^{A(t-\tau)}Bu(\tau)d\tau$$

である。両辺のノルムをとれば

$$\|x(t)\| \leq \|e^{At}\|\|x(0)\| + \int_0^t \|e^{A(t-\tau)}\|\|B\|\|u(\tau)\|d\tau$$

となる。ここで、行列 A の固有値の実部がすべて負であるとき

$$\|e^{At}\| \leq Me^{-\sigma t}$$

となる有界な正数 M, σ が存在することから、$\|B\| = b$、$u_\infty = \sup_{t\in[0,\infty)} \|u(t)\| < \infty$ とすれば

$$\|x(t)\| \leq \|e^{At}\|\|x(0)\| + \frac{Mbu_\infty}{\sigma}\left(1 - e^{-\sigma t}\right) < \infty$$

となることがわかる。また、(4.14) 式より

$$\|y(t)\| \leq \|C\|\|x(t)\| < \infty$$

であることから、行列 A の固有値の実部がすべて負であれば、m 入力 l 出力の線形システム (4.13) 式、(4.14) 式は、有界入力有界出力安定であることがわかる。これは、伝達関数で表現されたシステムのすべての極の実部が負である場合と同様の安定性を示している。

8.3 練習問題

1. T 先生と F さんが安定性について何やら議論をしている。以下の空所を埋めて、あなたも議論に参加しよう。

T 先生：線形自律系 (8.15) の漸近安定性や解の振る舞いは（　①　）のみで決まるため、その解析が容易です。しかし、(8.15) 式の行列 A が時変行列 $A(t)$ となる場合、安定性などの解析が一段と難しくなることに注意しなければなりません。たとえば

$$\dot{x}(t) = \begin{bmatrix} -1 & 0 \\ e^{2t} & -1 \end{bmatrix} x(t)$$

を考えてみましょう。$A(t)$ の固有値を求めてください。

F さん：$A(t)$ は時間に依存しない固有値（　②　）を二つもちます。

T 先生：それではこの自律系は漸近安定ですか。

F さん：まず、この自律系の解を求めてみます。状態 $x_1(t)$ は、初期状態を $x_1(0)$ として、（　③　）となります。これを用いて状態 $x_2(t)$ の方程式を記述すると

$$\dot{x}_2(t) = (\quad ④ \quad)$$

となりますので、解は

$$x_2(t) = (\quad ⑤ \quad)$$

となります。したがって、（　⑥　）のとき、$\lim_{t\to\infty} x_2(t) \to \infty$ となり、発散しますので、不安定です。

2. つぎの特性方程式をもつ制御系が安定となる K の範囲を求めよ。

(1) $s^3 + (K+1)s^2 + 5s + 4 = 0$

(2) $s^4 + Ks^3 + 2s^2 + 3(K+2)s + 10 = 0$

(3) $s^3 + 3Ks^2 + (K+2)s + 4 = 0$

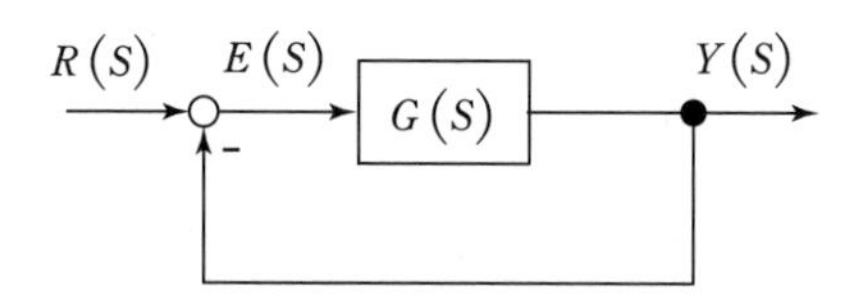

図 **8.11** フィードバック制御系

3. 図 8.11 の制御系について以下の問に答えよ。ただし、$G(s)$ は次式で与えられる。

$$G(s) = \frac{K}{s(1+0.2s)(1+0.002s)}$$

(1) 閉ループ系が安定となる K の範囲を、ラウスの方法とフルビッツの方法で求め、同じ結果が得られることを示せ。

(2) $K=1$ としたとき、ゲイン交差角周波数 ω_c、ゲイン余裕、位相余裕を求めよ。

4. $G(s)$ は次式で与えられるとき、図 8.11 の制御系において、位相余裕を 30[deg] にするには K の値をいくらにすればよいか。

$$G(s) = \frac{K}{s(1+0.2s)(1+0.5s)}$$

5. 図 8.11 の制御系について以下の問に答えよ。ただし、$G(s)$ は次式で与えられる。

$$G(s) = \frac{K}{(1+s)(1+2s)(1+3s)}$$

(1) この系が安定となる K の範囲を求めよ。

(2) ゲイン余裕を 20[dB] にするには K の値をいくらにすればよいか。

6. 開ループ伝達関数 $G(s)$ が次式で与えられている。

$$G(s) = \frac{1}{s(s+1)^2}$$

このとき図8.11の閉ループ系の安定性をナイキストの安定判別法を用いて調べよ。

7. つぎの自律系の原点の安定性を以下の手順で調べよ。

$$\dot{x}(t) = -y(t) - x^3(t) - x(t)y^2(t)$$

$$\dot{y}(t) = x(t) - y^3(t) - x^2(t)y(t)$$

(1) $x(t) = r(t)\cos\theta(t),\ y(t) = r(t)\sin\theta(t)$ として極座標変換せよ。

(2) 極座標表現した方程式を解き、原点が漸近安定であることを示せ。

(3) リアプノフ関数を用いて原点が漸近安定であることを示せ。

9章　状態フィードバック制御

本章では、現代制御理論に基づく制御系設計の基本である状態フィードバック制御について述べる。

9.1　状態フィードバック制御の考え方

4章 (P.63) では、システムに内在する状態変数について述べた。たとえば、図9.1に示すようなシステム（ばね－質量－粘性系）の場合、その運動方程式は

$$m\ddot{r}(t) + \mu\dot{r}(t) + kr(t) = 0 \tag{9.1}$$

である。ただし、$r(t)$ は平衡状態からの変位、m, μ, k は各々質量、粘性摩擦係数、ばね定数である。このとき、状態変数は $r(t)$ および $\dot{r}(t)$ である。

さて、このシステムを制御対象として、質量 m の質点に対し適当な初期変位を与えたとき、できるだけ速やかに平衡状態に戻るような制御を施すことを考えよう。観測出力が $r(t)$ のみの場合、できるだけ速やかに振動を抑制しつつ変位も平衡状態に戻すためには、制御器内で $\dot{r}(t)$ を生成して、間接的に $\dot{r}(t)$ も制御するような機構とすればよい。制御対象に内在するすべての状態変数が測定できることを前提にすれば、より直接的に状態変数を制御することが可能となる。すなわち、図9.1の制御対象の場合、変位 $r(t)$ だけでなく、速度 $\dot{r}(t)$ も制

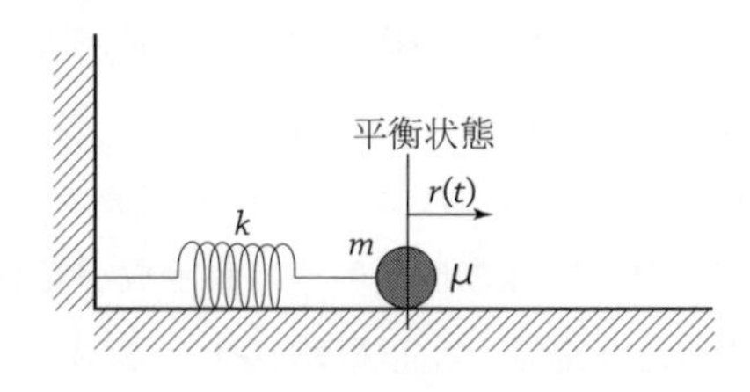

図 **9.1**　ばね－質量－粘性系の構成

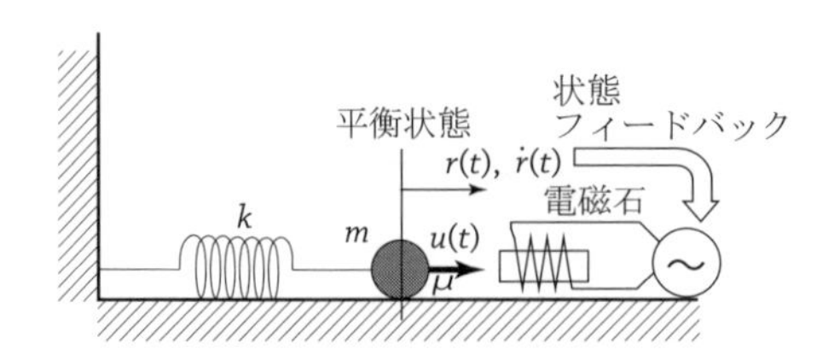

図 **9.2** 制御入力が加わったばね－質量－粘性系の構成

御されることで、できるだけ速やかに平衡状態に戻すような制御機構とするものである。いま、図9.2に示されるように、質点が鉄製であるとし、状態変数により電磁石が駆動される機構を考える。質点には、電磁力による制御入力 $u(t)$ が加わる。このとき、運動方程式は

$$m\ddot{r}(t) + \mu\dot{r}(t) + kr(t) = u(t) \tag{9.2}$$

となる。制御入力 $u(t)$ は変位 $r(t)$ および速度 $\dot{r}(t)$ から決定され、たとえば両者の線形結合により記述するものとすれば

$$u(t) = -k_1 r(t) - k_2 \dot{r}(t) \tag{9.3}$$

となる。ただし、$k_i\,(i = 1, 2)$ は任意の定数である。(9.3) 式を (9.2) 式に代入すれば

$$m\ddot{r}(t) + (\mu + k_1)\,\dot{r}(t) + (k + k_2)\,r(t) = 0 \tag{9.4}$$

となる。(9.3) 式より、制御入力は状態変数を制御対象にフィードバックする働きを有するものであることがわかる。(9.3) 式のように測定可能な状態変数の線形結合により作られる制御入力のことを状態フィードバック制御と呼ぶ。(9.4) 式の状態フィードバック制御が施された結果から明らかなように、$k_i\,(i = 1, 2)$ を適当に与えることにより、粘性摩擦係数やばね定数が変更されたシステムを構築することができる。たとえば、粘性摩擦力を伴うシステムに対し、$k_1 = -\mu$ として与えることにより、粘性摩擦力がない単振動系とすることができる。

ところで、4章 (P.63) ではシステムを状態空間表現する方法について学んだ。状態フィードバック制御も状態変数を取り扱うため、状態空間表現とどのように関連するのかを考えてみよう。

(9.2) 式の状態変数を $x(t) = \begin{bmatrix} r(t) & \dot{r}(t) \end{bmatrix}^T$ とし

$$A = \begin{bmatrix} 0 & 1 \\ -\frac{k}{m} & -\frac{\mu}{m} \end{bmatrix}, \quad B = \begin{bmatrix} 0 \\ \frac{1}{m} \end{bmatrix}, \quad K = \begin{bmatrix} k_1 & k_2 \end{bmatrix}$$

とすると、図 9.2 に示される制御対象の状態方程式および制御入力 $u(t)$ は各々

$$\dot{x}(t) = Ax(t) + Bu(t) \tag{9.5}$$

$$u(t) = -Kx(t) \tag{9.6}$$

として表わされる。K をフィードバックゲイン行列と呼ぶ。(9.6) 式を (9.5) 式に代入すると

$$\dot{x}(t) = (A - BK)\,x(t) \tag{9.7}$$

となる。特性方程式は

$$\det\left(sI_2 - A + BK\right) = s^2 + \frac{\mu + k_1}{m}s + \frac{k + k_2}{m} = 0 \tag{9.8}$$

である。(9.8) 式はすべての初期値を零にした運動方程式 (9.4) 式のラプラス変換である。希望する特性方程式の解（いわゆる希望の極）を $-\alpha, -\beta$ とすれば

$$s^2 + (\alpha + \beta)\,s + \alpha\beta = 0 \tag{9.9}$$

が成り立つので、(9.8) 式と (9.9) 式の係数を比較すると

$$\mu + k_1 = m\,(\alpha + \beta)\,, \quad k + k_2 = m\alpha\beta \tag{9.10}$$

となる。それゆえ、フィードバックゲイン行列 K を

$$K = \begin{bmatrix} k_1 & k_2 \end{bmatrix} = \begin{bmatrix} m\,(\alpha + \beta) - \mu & m\alpha\beta - k \end{bmatrix} \tag{9.11}$$

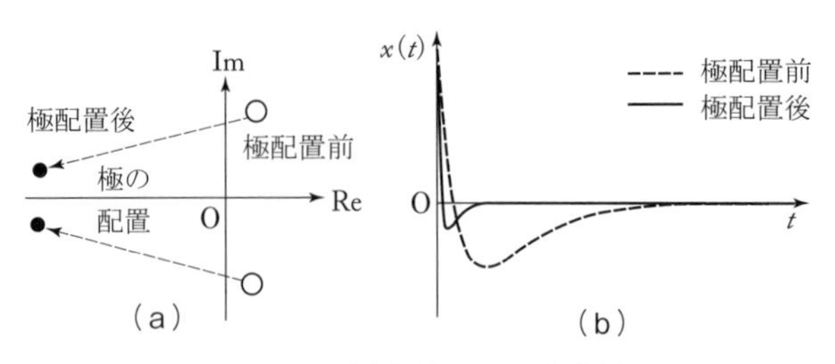

図 **9.3**　極配置による改善例

とすれば、行列 $A - BK$ のすべての固有値を希望の値にすることができ、これを極配置という。状態フィードバック制御により極配置を行なうことで、図9.3(a) に示すように、不安定なシステムを安定な閉ループ系に変更することができるばかりでなく、図9.3(b) に示すように、極の値を複素左半平面のより左側に設定することで状態変数の過渡特性を改善することができる。(9.6) 式を施して得られた (9.7) 式の閉ループ系が安定であるとき、この閉ループ系をレギュレータと呼び、このときの $A - BK$ の固有値をレギュレータの極と呼ぶ[11)]。

9.2　極配置可能性

図9.2に示すシステムのように、状態フィードバック制御により常に極配置は可能であろうか。この問題に答えるために、本節では状態フィードバック制御により極配置が可能である条件を、6.1節 (P.91) で議論した可制御性から考える。

9.1節の行列 A, B の構造より、$\mathrm{rank}\begin{bmatrix} B & AB \end{bmatrix} = 2$ であるので、対 (A, B) は可制御である。このとき、(9.6) 式の制御入力で二つの極を希望の値にすることができたので、対 (A, B) が可制御であれば、極配置は可能であることが予想される。逆に極配置が可能でない例を考えてみよう。

$$A = \begin{bmatrix} a_{11} & a_{12} \\ 0 & a_{14} \end{bmatrix}, \quad B = \begin{bmatrix} 1 \\ 0 \end{bmatrix}, \quad K = \begin{bmatrix} k_1 & k_2 \end{bmatrix} \tag{9.12}$$

とした (9.5) 式および (9.6) 式の制御系の場合、特性方程式は

$$\det(sI_2 - A + BK) = (s - a_{11} + k_1)(s - a_{14}) = 0 \tag{9.13}$$

なので、二つの極のうち $a_{11} - k_1$ は k_1 でもって任意の値にすることができるが、a_{14} は $k_i\ (i = 1, 2)$ の値をいかように変化しようとも何も変わらず常に a_{14} のままであり、極配置は不可能であることがわかる。このとき

$$\operatorname{rank}\begin{bmatrix} B & AB \end{bmatrix} = \operatorname{rank}\begin{bmatrix} 1 & a_{11} \\ 0 & 0 \end{bmatrix} = 1 \tag{9.14}$$

であるので、対 (A, B) は不可制御である。すなわち、極配置が可能でないとき、対 (A, B) は不可制御であることが予想される。実は、この予想は正しく、それを定理としてまとめておこう。

定理 9.1　対 (A, B) が可制御であるための必要十分条件は、行列 $A - BK$ の固有値を任意に配置することができるフィードバックゲイン行列 K が存在することである。

証明. 本証明において、状態変数の個数は n とする。

（十分性）: 対 (A, B) は可制御であるため、6.2 節 (P.97) より可制御標準形 $(\bar{A}, \bar{B})$ に変換するための座標変換行列 T_c が存在する。すなわち

$$\bar{A} = T_c^{-1} A T_c = \begin{bmatrix} O_{(n-1)\times 1} & I_{n-1} \\ -\bar{a}_{21} & -\bar{A}_{22} \end{bmatrix}, \quad \bar{B} = T_c^{-1} B = \begin{bmatrix} O_{(n-1)\times 1} \\ 1 \end{bmatrix} \tag{9.15}$$

である。フィードバックゲイン行列 K に対しても座標変換を施し

$$\bar{K} = K T_c = \begin{bmatrix} \bar{k}_1 & \bar{K}_2 \end{bmatrix} \tag{9.16}$$

とすると

$$\bar{A} - \bar{B}\bar{K} = \begin{bmatrix} O_{(n-1)\times 1} & I_{n-1} \\ -\left(\bar{a}_{21} + \bar{k}_1\right) & -\left(\bar{A}_{22} + \bar{K}_2\right) \end{bmatrix} \tag{9.17}$$

である。$S = \begin{bmatrix} s & \cdots & s^{n-1} \end{bmatrix}$ とすると、$\bar{A} - \bar{B}\bar{K}$ の特性方程式は

$$s^n + \begin{bmatrix} \bar{a}_{21} + \bar{k}_1 & \bar{A}_{22} + \bar{K}_2 \end{bmatrix} \begin{bmatrix} 1 & S \end{bmatrix}^T = 0 \tag{9.18}$$

となる。希望の極が配置された特性方程式を

$$s^n + \begin{bmatrix} d_1 & D_2 \end{bmatrix} \begin{bmatrix} 1 & S \end{bmatrix}^T = 0 \tag{9.19}$$

として (9.18) 式と (9.19) 式とを係数比較すれば

$$\bar{a}_{21} + \bar{k}_1 = d_1, \quad \bar{A}_{22} + \bar{K}_2 = D_2$$

となる。それゆえ、希望の極を配置するフィードバックゲイン行列 K が存在し、それは

$$K = \begin{bmatrix} \bar{k}_1 & \bar{K}_2 \end{bmatrix} T_c^{-1} = \begin{bmatrix} d_1 - \bar{a}_{21} & D_2 - \bar{A}_{22} \end{bmatrix} T_c^{-1} \tag{9.20}$$

として得られる。なお、多入力系においても、可制御標準形への座標変換後の行列 $\bar{A} - \bar{B}\bar{K}$ を (9.17) 式のような構造にするフィードバックゲイン行列が存在するので、一入力系と同様の議論より希望の極を配置するフィードバックゲイン行列 K が存在することが示せる。

(必要性)：対偶である「対 (A, B) は不可制御であるならば、行列 $A - BK$ の固有値が任意に配置できるフィードバックゲイン行列 K は存在しない」ことを示そう。

いま

$$v\,(A - \lambda I_n) = O_{1\times n} \tag{9.21}$$

が成り立つような行列 A の固有値 λ とそれに対する固有ベクトル v において、$vB \neq O_{1\times m}$ となるとき λ を可制御極、$vB = O_{1\times m}$ となるとき λ を不可制御極と呼ぶ。ただし、m は入力数である。(9.12) 式の極配置が可能でない行列 A, B を n 次系に拡張して示すことも可能であるが、ここでは不可制御極は状態フィードバック制御で変更できないことを固有値問題に帰着して示す。

対 (A, B) は不可制御であることから、任意のフィードバックゲイン行列 K

に対して

$$v\,(A - BK - \lambda I_n) = O_{1\times n} \tag{9.22}$$

でもある。すなわち、どんなフィードバックゲイン行列をもってしても行列 A の固有値 λ を変更することができないのである。それゆえ、行列 $A - BK$ の固有値を任意に配置することができるフィードバックゲイン行列 K は存在しないことが示された。■

9.3　一入力系の極配置

$\mathrm{rank}B = 1$ であり、対 (A, B) が可制御である制御対象に対して、極配置を行なう設計手順をまとめておこう。

〔設計手順〕

1. 行列 A の特性多項式 $\det\,(sI_n - A) = s^n + a_n s^{n-1} + \cdots + a_2 s + a_1$ を求める。

2. 希望の極 $\lambda_i\,(i = 1, \cdots, n)$ を有する多項式 $\prod_{i=1}^{n}(s - \lambda_i) = s^n + d_n s^{n-1} + \cdots + d_2 s + d_1$ を求める。ただし、希望の極が複素数である場合には、その複素共役も希望極に含めること（そうしないと、フィードバックゲイン行列の要素が複素数となり実数にはならない）。

3. $k_i = d_i - a_i\,(i = 1, \cdots, n)$ により $k_i\,(i = 1, \cdots, n)$ を求める。

4. 行列 A, B を可制御標準形 $\bar{A}, \bar{B}$ に変換する座標変換行列 T_c を求める。ただし、$\bar{A} = T_c^{-1} A T_c, \bar{B} = T_c^{-1} B$ である。

5. 行列 $A - BK$ の固有値が $\lambda_i\,(i = 1, \cdots, n)$ となるようにするため、フィードバックゲイン行列 K を $K = \begin{bmatrix} k_1 & \cdots & k_n \end{bmatrix} T_c^{-1}$ により計算する。

〔例題 **9.1**〕 図 9.4 に示されるような同一の大きさを有する 3 槽の直列水槽系を考える。ただし、各水槽の断面積 $S = 1$、流体抵抗 $R = 1$、単位時間当たり

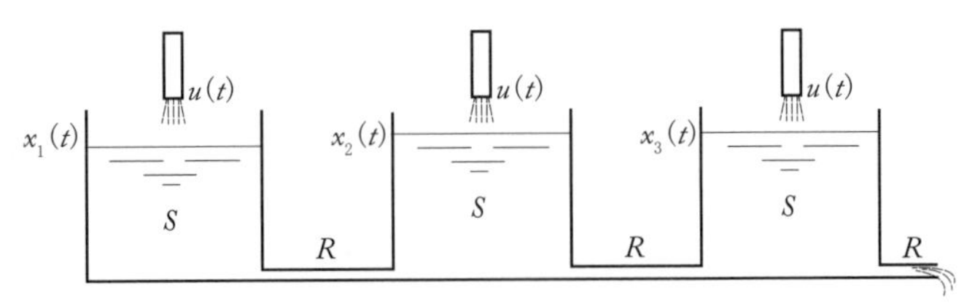

図 **9.4** 3槽の直列水槽系

の流入量を $u(t)$、各水槽の水位を $x_i(t)\,(i=1,2,3)$ とする。水槽の水位を状態変数、単位時間当たりの流入量を制御入力としたときの状態方程式は

$$\dot{x}(t) = Ax(t) + Bu(t)$$

として記述される。ただし

$$x(t) = \begin{bmatrix} x_1(t) \\ x_2(t) \\ x_3(t) \end{bmatrix}, \quad A = \begin{bmatrix} -1 & 1 & 0 \\ 1 & -2 & 1 \\ 0 & 1 & -2 \end{bmatrix}, \quad B = \begin{bmatrix} 1 \\ 1 \\ 1 \end{bmatrix}$$

である。このとき、三つの極を希望の極 $\{-10, -20, -30\}$ にするようなフィードバックゲイン行列 K を求めよ。

〔解答〕 $\mathrm{rank}B = 1$ であり、可制御性行列 U_c は

$$U_c = \begin{bmatrix} B & AB & A^2B \end{bmatrix} = \begin{bmatrix} 1 & 0 & 0 \\ 1 & 0 & -1 \\ 1 & -1 & 2 \end{bmatrix}$$

なので、$\mathrm{rank}U_c = 3$ より対 (A, B) は可制御である。設計手順に従って、フィードバックゲイン行列 K を求めよう。

1. 行列 A の特性多項式は $\det(sI_3 - A) = s^3 + 5s^2 + 6s + 1$ であるので、$a_3 = 5, a_2 = 6, a_1 = 1$ となる。

2. 希望の極 $\{-10, -20, -30\}$ を有する多項式は $s^3 + 60s^2 + 1100s + 6000$ で

あるので、$d_3 = 60, d_2 = 1100, d_1 = 6000$ となる。

3. $k_i\,(i = 1, 2, 3)$ は $k_1 = d_1 - a_1 = 5999, k_2 = d_2 - a_2 = 1094, k_3 = d_3 - a_3 = 55$ となる。

4. 行列 A, B を可制御標準形に変換する座標変換行列 T_c は

$$T_c = U_c W = \begin{bmatrix} B & AB & A^2B \end{bmatrix} \begin{bmatrix} a_2 & a_3 & 1 \\ a_3 & 1 & 0 \\ 1 & 0 & 0 \end{bmatrix} = \begin{bmatrix} 6 & 5 & 1 \\ 5 & 5 & 1 \\ 3 & 4 & 1 \end{bmatrix}$$

となる。

5. 行列 $A - BK$ の固有値が $\{-10, -20, -30\}$ となるようにするためのフィードバックゲイン行列 K は

$$\begin{aligned} K &= \begin{bmatrix} k_1 & k_2 & k_3 \end{bmatrix} T_c^{-1} \\ &= \begin{bmatrix} 5999 & 1094 & 55 \end{bmatrix} \begin{bmatrix} 1 & -1 & 0 \\ -2 & 3 & -1 \\ 5 & -9 & 5 \end{bmatrix} = \begin{bmatrix} 4086 & -3212 & -819 \end{bmatrix} \end{aligned}$$

として計算される。

なお、一入力系の場合、座標変換行列 T_c を求めなくても (9.20) 式と等価なフィードバックゲイン行列 K が求められるアッカーマンの方法[12) が知られている。この方法によれば、フィードバックゲイン行列 K は

$$K = \begin{bmatrix} O_{1\times(n-1)} & 1 \end{bmatrix} U_c^{-1} \sum_{i=1}^{n+1} d_i A^{i-1} \tag{9.23}$$

により得られる。ただし、$d_{n+1} = 1$ とする。(9.23) 式には座標変換行列 T_c が現れていないが、行列 A のべき乗を計算しなければならないことに注意されたい。

つぎに、可制御ではない制御対象に対する極配置問題について考えてみよう。

例題 9.2 は、状態フィードバック制御により可制御極のみ極の変更が可能であり、どのようなフィードバックゲイン行列を施そうとも不可制御極はそのまま残ることを示している。やや発展的な議論を含んでいるため、先を急ぐ読者は読み飛ばしても構わない。

〔例題 **9.2**〕 図 9.5 に示されるような慣性が異なる二つの台車から構成されている二慣性系を考える。ただし、各台車の質量は $m_1 = 2, m_2 = 1$、粘性摩擦係数は $\mu_1 = 2, \mu_2 = 1$ とする。台車 1 の駆動力（制御入力）を $u(t)$ とし、また台車 1 の絶対位置を $h_1(t)$、その速度を $\dot{h}_1(t)$、台車 2 の台車 1 に対する相対位置を $h_2(t)$、その速度を $\dot{h}_2(t)$ として、これら四つの物理量を状態変数としたときの状態方程式は

$$\dot{x}(t) = Ax(t) + Bu(t)$$

として記述される。ただし

$$x(t) = \begin{bmatrix} h_1(t) \\ \dot{h}_1(t) \\ h_2(t) \\ \dot{h}_2(t) \end{bmatrix}, \quad A = \begin{bmatrix} 0 & 1 & 0 & 0 \\ 0 & -1 & 0 & 0.5 \\ 0 & 0 & 0 & 1 \\ 0 & 1 & 0 & -1.5 \end{bmatrix}, \quad B = \begin{bmatrix} 0 \\ 0.5 \\ 0 \\ -0.5 \end{bmatrix}$$

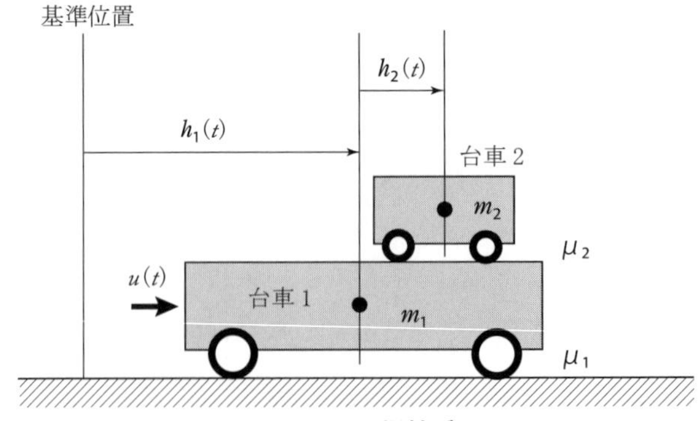

図 **9.5**　二慣性系

である。このとき、制御前の四つの極を希望の極 $\{-10, -20, -30, -40\}$ にするようなフィードバックゲイン行列 K を求めよ。

〔解答〕 $\mathrm{rank}B = 1$ であり、可制御性行列 U_c は

$$U_c = \begin{bmatrix} B & AB & A^2B & A^3B \end{bmatrix} = \begin{bmatrix} 0 & 0.5 & -0.75 & 1.375 \\ 0.5 & -0.75 & 1.375 & -2.6875 \\ 0 & -0.5 & 1.25 & -2.625 \\ -0.5 & 1.25 & -2.625 & 5.3125 \end{bmatrix}$$

なので、$\mathrm{rank}U_c = 3$ より対 (A, B) は不可制御である。この場合、一つの不可制御極を除いて、三つの極配置は可能である。そこで不可制御極を求め、それ以外の三つの極を配置することを考えてみよう。

行列 A の四つの固有値 $\{0, 0, -0.5, -2\}$ に対する左固有ベクトルのうち、重複固有値 $\lambda = 0$ に対する左固有ベクトルは二つ存在し $v_1 = \begin{bmatrix} 0 & 1 & 1 & 1 \end{bmatrix}, v_2 = \begin{bmatrix} 2 & 3 & 0 & 1 \end{bmatrix}$ である。このうち明らかに $v_1 B = 0, v_2 B = 1$ を満足するので、重複固有値 $\lambda = 0$ のうち、一つは不可制御極、もう一つは可制御極である。そこで、v_1 を含む座標変換行列 T^{-1} を

$$T^{-1} = \begin{bmatrix} 1 & 0 & 0 & 0 \\ 0 & 1 & 0 & 0 \\ 0 & 0 & 1 & 0 \\ 0 & 1 & 1 & 1 \end{bmatrix}, \quad T = \begin{bmatrix} 1 & 0 & 0 & 0 \\ 0 & 1 & 0 & 0 \\ 0 & 0 & 1 & 0 \\ 0 & -1 & -1 & 1 \end{bmatrix}$$

として座標変換を施すと

$$T^{-1}AT = \left[\begin{array}{ccc|c} 0 & 1 & 0 & 0 \\ 0 & -1.5 & -0.5 & 0.5 \\ 0 & -1 & -1 & 1 \\ \hline 0 & 0 & 0 & 0 \end{array}\right] = \begin{bmatrix} A_{11} & A_{12} \\ O_{1\times 3} & 0 \end{bmatrix},$$

$$T^{-1}B = \begin{bmatrix} 0 \\ 0.5 \\ 0 \\ \hline 0 \end{bmatrix} = \begin{bmatrix} B_1 \\ 0 \end{bmatrix}$$

である。対 (A_{11}, B_1) において、$\mathrm{rank} B_1 = 1$ であり、可制御性行列 U_{c1} は

$$U_{c1} = \begin{bmatrix} B_1 & A_{11}B_1 & A_{11}^2 B_1 \end{bmatrix} = \begin{bmatrix} 0 & 0.5 & -0.75 \\ 0.5 & -0.75 & 1.375 \\ 0 & -0.5 & 1.25 \end{bmatrix}$$

なので、$\mathrm{rank} U_{c1} = 3$ より対 (A_{11}, B_1) は可制御である。設計手順に従って、フィードバックゲイン行列 K を求めよう。

1. 行列 A_{11} の特性多項式は $\det(sI_3 - A_{11}) = s^3 + 2.5s^2 + s$ であるので、$a_3 = 2.5, a_2 = 1, a_1 = 0$ となる。

2. 希望の極 $\{-10, -20, -30\}$ とすると、これらの極を有する多項式は $s^3 + 60s^2 + 1100s + 6000$ であるので、$d_3 = 60, d_2 = 1100, d_1 = 6000$ となる。

3. $k_i\,(i = 1, 2, 3)$ は $k_1 = d_1 - a_1 = 6000, k_2 = d_2 - a_2 = 1099, k_3 = d_3 - a_3 = 57.5$ となる。

4. 対 (A_{11}, B_1) を可制御標準形 $\left(\bar{A}_{11}, \bar{B}_1\right)$ に変換する座標変換行列 T_{c1} は

$$\begin{aligned} T_{c1} &= U_{c1}W \\ &= \begin{bmatrix} B_1 & A_{11}B_1 & A_{11}^2 B_{11} \end{bmatrix} \begin{bmatrix} a_2 & a_3 & 1 \\ a_3 & 1 & 0 \\ 1 & 0 & 0 \end{bmatrix} = \begin{bmatrix} 0.5 & 0.5 & 0 \\ 0 & 0.5 & 0.5 \\ 0 & -0.5 & 0 \end{bmatrix} \end{aligned}$$

となる。それゆえ、対 (A, B) の可制御部分空間と不可制御部分空間とに分割し、かつ可制御部分空間を可制御標準形に変換する座標変換行列 T_c は

$$T_c = T \begin{bmatrix} T_{c1} & O_{3\times1} \\ O_{1\times3} & 1 \end{bmatrix} = \begin{bmatrix} 0.5 & 0.5 & 0 & 0 \\ 0 & 0.5 & 0.5 & 0 \\ 0 & -0.5 & 0 & 0 \\ 0 & 0 & -0.5 & 1 \end{bmatrix},$$

$$T_c^{-1} = \begin{bmatrix} T_{c1}^{-1} & O_{3\times1} \\ O_{1\times3} & 1 \end{bmatrix} T^{-1} = \begin{bmatrix} 2 & 0 & 2 & 0 \\ 0 & 0 & -2 & 0 \\ 0 & 2 & 2 & 0 \\ 0 & 1 & 1 & 1 \end{bmatrix}$$

となる。このとき

$$T_c^{-1} A T_c = \left[\begin{array}{ccc|c} 0 & 1 & 0 & 2 \\ 0 & 0 & 1 & -2 \\ 0 & -1 & -2.5 & 3 \\ \hline 0 & 0 & 0 & 0 \end{array}\right] = \begin{bmatrix} \bar{A}_{11} & \bar{A}_{12} \\ O_{1\times3} & 0 \end{bmatrix},$$

$$T_c^{-1} B = \left[\begin{array}{c} 0 \\ 0 \\ 1 \\ \hline 0 \end{array}\right] = \begin{bmatrix} \bar{B}_1 \\ 0 \end{bmatrix}$$

より、対 $\left(\bar{A}_{11}, \bar{B}_1\right)$ は可制御であり、かつ可制御部分空間と不可制御部分空間に分割されていることが確認できる。

5. 行列 $A - BK$ の固有値の一部（可制御極）が $\{-10, -20, -30\}$ となるようにするためのフィードバックゲイン行列 K は

$$K = \begin{bmatrix} k_1 & k_2 & k_3 & \alpha \end{bmatrix} T_c^{-1}$$

$$= \begin{bmatrix} 6000 & 1099 & 57.5 & \alpha \end{bmatrix} \begin{bmatrix} 2 & 0 & 2 & 0 \\ 0 & 0 & -2 & 0 \\ 0 & 2 & 2 & 0 \\ 0 & 1 & 1 & 1 \end{bmatrix}$$

$$= \begin{bmatrix} 12000 & 115+\alpha & 9917+\alpha & \alpha \end{bmatrix}$$

として計算される。ただし、α は任意の値である。得られたフィードバックゲイン行列により特性方程式を計算してみると、α の値に関係なく

$$\det(sI_4 - A + BK) = s\left(s^3 + 60s^2 + 1100s + 6000\right)$$

になることが確認できる。すなわち、不可制御極 $\lambda = 0$ はフィードバックゲイン行列をいかように変更しようとも極として残留することがわかる。

9.4 多入力系の極配置

rank$B = m(> 1)$ であり、対 (A, B) が可制御である制御対象に対して、極配置を行なう。配置すべき極の数は n であり、一入力系ではフィードバックゲイン行列の要素も n 個であったことから、n 個の極配置を行なうフィードバックゲイン行列は一意に定まる（一入力系の極配置の設計手順 3. において k_i が一意に定まる)。多入力系でも配置すべき極の数は n であるが、フィードバックゲイン行列の要素は nm 個であるため、n 個の極配置を行なうフィードバックゲイン行列は一意に定まらず、フィードバックゲイン行列の決定にあたっては自由度が存在する。この自由度は、フィードバックゲイン行列の低ゲイン化などに用いることができる[13)]。

多入力系における極配置には、多入力を一入力に変換して極配置を行なう方法や、多入力系に対する可制御標準形に変換して極配置を行なう方法がある[14)]。前者の方法はフィードバックゲイン行列 K の自由度を一入力に変換することに用いる（すなわち、rank$K = 1$ として実現する）ため、自由度を制御性能に生かすために用いるものではない。また、可制御標準形に変換して極配置を行な

う場合においても、たとえば自由度を行列 $A-BK$ が同伴行列になるように使えば一入力系のように容易に極配置は可能となる[7]が、やはり制御性能に生かすために用いるものではないし、同伴行列にせず自由度を制御性能に生かせたとしても、座標変換を伴うため数値的に不安定になりやすい。そこで、数値的に安定で、フィードバックゲイン行列に自由度が陽に表現される固有ベクトル指定法[13,14]について述べる。この方法は、希望の極の与え方に制約はあるものの座標変換を必要とせず計算が容易である。設計手順をまとめておこう。

〔設計手順〕

1. 希望の極 $\lambda_i\,(i=1,\cdots,n)$ は、代数的重複度 m を越えず、行列 A の固有値と一意しないように与える（これが上記で述べた希望の極の与え方に対する制約である)。ただし、希望の極が複素数である場合には、その複素共役も希望極に含める。

2. 行列 N

$$N=\begin{bmatrix}N_1 & \cdots & N_n\end{bmatrix}$$

をつくる。ただし、希望の極が実数 λ_i である場合、$g_i\,(i=1,\cdots,n)$ を m 次列ベクトルとし

$$N_i=(A-\lambda_i I_n)^{-1}Bg_i$$

とする。複素数 $\lambda_i=\alpha_i+j\beta_i$ である場合、その複素共役 $\lambda_{i+1}=\alpha_i-j\beta_i$ も希望の極に含めて N_i, N_{i+1} を

$$\begin{aligned}N_i &= \left\{(A-\alpha_i I_n)^2+\beta_i^2 I_n\right\}^{-1}\{(A-\alpha_i I_n)Bg_i-\beta_i Bg_{i+1}\}\\ N_{i+1} &= \left\{(A-\alpha_i I_n)^2+\beta_i^2 I_n\right\}^{-1}\{(A-\alpha_i I_n)Bg_{i+1}+\beta_i Bg_i\}\end{aligned}$$

とする。このとき、$g_i\,(i=1,\cdots,n)$ は N が正則行列になるように決定する。なお、N が正則行列になる $g_i\,(i=1,\cdots,n)$ の与え方については参考

文献 15) を参考にされたい。

3. フィードバックゲイン行列 K を $K = GN^{-1}$ により計算する。ただし、$G = \begin{bmatrix} g_1 & \cdots & g_n \end{bmatrix}$ である。行列 G は、N が正則行列であるかぎり任意に与えることができるので、フィードバックゲイン行列 K は自由度を含む形式で与えられている。

〔例題 **9.3**〕状態方程式が

$$\dot{x}(t) = Ax(t) + Bu(t)$$

として記述される制御対象を考える。ただし

$$A = \begin{bmatrix} 3 & 2 & 0 \\ 0 & 2 & 0 \\ 0 & 2 & 1 \end{bmatrix}, \quad B = \begin{bmatrix} 1 & 0 \\ 0 & 1 \\ 0 & 0 \end{bmatrix}$$

である。このとき、三つの極を希望の極 $\{-1, -2, -3\}$ にするようなフィードバックゲイン行列 K を求めよ。

〔解答〕$\mathrm{rank} B = 2$ であり、可制御性行列 U_c は

$$U_c = \begin{bmatrix} B & AB & A^2B \end{bmatrix} = \begin{bmatrix} 1 & 0 & 3 & 2 & 9 & 10 \\ 0 & 1 & 0 & 2 & 0 & 4 \\ 0 & 0 & 0 & 2 & 0 & 6 \end{bmatrix}$$

なので、$\mathrm{rank} U_c = 3$ より対 (A, B) は可制御である。設計手順に従って、フィードバックゲイン行列 K を求めよう。

1. 行列 A の固有値は $\lambda(A) = \{1,\ 2,\ 3\}$ であるので、希望の極 $\lambda_1 = -1,\ \lambda_2 = -2,\ \lambda_3 = -3$ は、代数的重複度 2 を越えず、$\lambda(A)$ と一意しないことが確認できる。

2. 行列 G を

$$G = \begin{bmatrix} 10 & 0 & 10 \\ 0 & 10 & 10 \end{bmatrix}$$

として与えて行列 N をつくると

$$N = \frac{1}{6}\begin{bmatrix} 15 & -6 & 6 \\ 0 & 15 & 12 \\ 0 & -10 & -6 \end{bmatrix}$$

であり、$\det N = \frac{75}{36} \neq 0$ である。

3. フィードバックゲイン行列 K は

$$\begin{aligned} K &= GN^{-1} \\ &= 10\begin{bmatrix} 1 & 0 & 1 \\ 0 & 1 & 1 \end{bmatrix} \times \frac{1}{25}\begin{bmatrix} 10 & -32 & -54 \\ 0 & -30 & -60 \\ 0 & 50 & 75 \end{bmatrix} = \frac{1}{5}\begin{bmatrix} 20 & 36 & 42 \\ 0 & 40 & 30 \end{bmatrix} \end{aligned}$$

として計算される。

9.5　最適レギュレータ

極配置に基づく状態フィードバック制御では、制御対象が可制御であることを前提に任意に極を配置することができるが、それでは極をどこに配置したらよいのだろうか。一般には、制御系の時間応答を見ながら配置すべき極の値を決定することとなるが、それにはある程度経験を要する。たとえば、制御性能の評価の一つとしてできるだけ過渡特性を向上させたいという要求があるが、零点と状態変数の初期値との関係で、状態変数の時間応答の振れ幅が増大することもある。その場合には零点を相殺するような極の値を選定する場合もある[11)]。

そこで、極配置以外の方法で過渡特性を改善することはできないだろうか。一つの解答が本節で述べる最適レギュレータである。最適レギュレータでは、過渡特性や省エネルギー化に基づく適当な評価関数を与えて、それを最小にするような制御入力が施されている。そのため、極配置を直接行なわずとも、評価関数に基づく要求の範囲で、良好な制御性能を容易に達成することができる。まずはその定式化について述べよう。

状態方程式が

$$\dot{x}(t) = Ax(t) + Bu(t) \tag{9.24}$$

として記述される制御対象を考える。ただし、A は n 次正方行列、B は n 行 m 列の行列、対 (A, B) は可制御である。この制御対象に対してつぎの二次形式評価関数 J

$$J = \int_0^\infty \left\{ x(t)^T Qx(t) + u(t)^T Ru(t) \right\} dt \tag{9.25}$$

を最小化するような制御入力 $u(t)$ を求める。ただし、(9.25) 式において Q は n 次準正定行列、R は m 次正定行列であり、とくに Q は対 $\left(Q^{\frac{1}{2}}, A\right)$ が可観測になるよう選ばれているものとする。これら Q および R は、各々状態変数 $x(t)$ や制御入力 $u(t)$ に関する二次形式 $x(t)^T Qx(t)$ および $u(t)^T Ru(t)$ の係数行列になっており、またこれら二次形式の和が J の被積分関数になっていることから Q および R が過渡特性や省エネルギー化の指標になっている。これら Q および R は与えられた設計仕様に基づいて設定するものであり、重み行列と呼ばれる。それでは重み行列 Q および R はどのように設定すればよいのだろうか。その本質を理解するため、$n = m = 1$ の場合について説明しよう。この場合、Q および R はスカラ量になるので、重み Q、重み R と呼ぶ。(9.25) 式より

$$J = J_x + J_u, \quad J_x = Q \int_0^\infty x(t)^2 dt, \; J_u = R \int_0^\infty u(t)^2 dt \tag{9.26}$$

と記述することができる。J_x および J_u の被積分関数はともに時間関数の二乗であるため、大きな関数値はより大きな J_x および J_u の値となる。さらに、重み Q および R の値が大きくなると、その分 $x(t)$ および $u(t)$ の二乗面積は小さくなるよう設計される。すなわち、状態変数の過渡特性が向上し、制御入力のエネルギーを減少させることが期待される。J はこの二つの要求に基づく評

価関数であるが、一般には省エネルギー化に伴い制御性能は低下するため、J_x と J_u に関する要求はトレードオフの関係にある。たとえば、自動車の速度を上げようとすれば、その分だけ燃料を多く噴射させてエンジンを駆動するエネルギーを多く必要とすることからも推測できよう。それゆえ、重み Q および R の値を大きく設定しても、保守的な結果しか得られない場合がある。設計者はそのことを理解したうえで、図 9.6 で示すように、二つの重みのうち過渡特性の向上を期待したい場合には相対的に重み Q を大きく、省エネルギー化を期待したい場合には相対的に重み R を大きく設定して、過渡特性と省エネルギー化のバランスを図ることとなる。このような制御を極配置で行なうことは大変困難である。

それでは、あらためて問題の定式化をしておこう。

問題1　対 (A,B) が可制御である (9.24) 式の制御対象に対して、(9.25) 式の二次形式評価関数 J が最小になるような制御入力 $u(t)$ を求めよ。 ■

この問題の解はつぎの定理としてまとめられる。

定理 9.2　問題1の解である制御入力 $u(t)$ は

$$u(t) = -K_o x(t), \quad K_o = R^{-1}B^T P \tag{9.27}$$

である。ただし、行列 P はリカッチ方程式

$$A^T P + PA - PBR^{-1}B^T P + Q = O_{n\times n} \tag{9.28}$$

の解であり、対 (A,B) が可制御、対 $\left(Q^{\frac{1}{2}}, A\right)$ が可観測のとき、それは n 次の正定唯一解になる。なお、J の最小値 $J_{\min}$ は

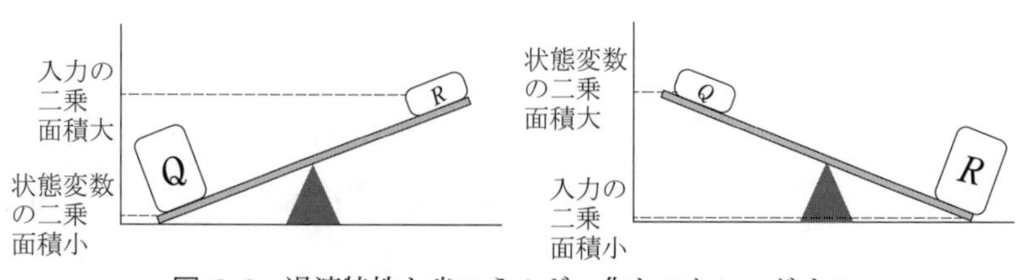

図 **9.6**　過渡特性と省エネルギー化とのトレードオフ

$$J_{\min} = \min_{u(t)} J = x(0)^T P x(0) \tag{9.29}$$

であり、(9.24) 式の制御対象に (9.27) 式の制御入力を施したときの閉ループ系

$$\dot{x}(t) = (A - BK_o)\,x(t) \tag{9.30}$$

は安定となり、これを最適レギュレータと呼ぶ。また、K_o を最適フィードバックゲイン行列と呼ぶ。

証明. (9.27) 式の制御入力 $u(t)$ を直接得る方法としては変分法を適用することとなるが、ここでは

1. (9.27) 式の制御入力 $u(t)$ が J の最小値を与えること
2. 対 (A, B) が可制御、対 $\left(Q^{\frac{1}{2}}, A\right)$ が可観測のとき、P は (9.28) 式の正定唯一解になること
3. (9.30) 式の閉ループ系が安定になること

を示そう。

1. 最小化

   (9.25) 式に (9.28) 式を代入すると

$$\begin{aligned} J = \int_0^\infty & \left\{x(t)^T PBR^{-1}B^T P x(t) - x(t)^T PAx(t)\right. \\ & \left.-x(t)^T A^T P x(t) + u(t)^T Ru(t)\right\} dt \end{aligned} \tag{9.31}$$

   である。また、状態変数 $x(t)$ の二次形式 $x(t)^T Px(t)$ を時間微分した後 (9.24) 式を代入して

$$\begin{aligned} \frac{dx(t)^T Px(t)}{dt} &= x(t)^T PAx(t) + x(t)^T A^T Px(t) \\ & +u(t)^T B^T Px(t) + x(t)^T PBu(t) \end{aligned} \tag{9.32}$$

   であるので

$$x(t)^T PAx(t) + x(t)^T A^T Px(t) = \frac{dx(t)^T Px(t)}{dt} \\ -u(t)^T B^T Px(t) - x(t)^T PBu(t) \tag{9.33}$$

を (9.31) 式に代入すれば

$$J = \int_0^\infty \left\{u(t) + R^{-1}B^T Px(t)\right\}^T R\left\{u(t) + R^{-1}B^T Px(t)\right\} dt \\ -\left[x(t)^T Px(t)\right]_0^\infty \tag{9.34}$$

となる。J の最小値 $J_{\min}$ が存在するものとすれば $J_{\min}$ は有限値をとるので、(9.25) 式から少なくとも $\lim_{t\to\infty} x(t) = O_{n\times 1}$ でなければならない。また、第一項目の被積分関数は R が正定行列であることから正値二次形式であるので、$u(t)$ が (9.27) 式を満足するとき J は最小値をとり、それは (9.29) 式となる。

2. 正定解の唯一性と安定性

(9.28) 式は

$$\left(A - BR^{-1}B^T P\right)^T P + P\left(A - BR^{-1}B^T P\right) \\ + \begin{bmatrix} PB & Q^{\frac{1}{2}} \end{bmatrix} \begin{bmatrix} R^{-1} & O_{m\times n} \\ O_{n\times m} & I_n \end{bmatrix} \begin{bmatrix} B^T P \\ Q^{\frac{1}{2}} \end{bmatrix} = O_{n\times n} \tag{9.35}$$

として表され、この方程式が $\mathrm{Re}\lambda\left(A - BR^{-1}B^T P\right) \geq 0$ に含まれる固有値 λ を有するような準正定解 P をもつとする。固有値 λ に対する固有ベクトルを ξ とすると固有方程式 $\left(A - BR^{-1}B^T P\right)\xi = \lambda\xi$ が成り立ち、(9.35) 式の右から固有ベクトル ξ、左から固有ベクトル ξ の共役転置 $\bar{\xi}^T$ を掛けると

$$2\mathrm{Re}\lambda\bar{\xi}^T P\xi + \bar{\xi}^T \begin{bmatrix} PB & Q^{\frac{1}{2}} \end{bmatrix} \begin{bmatrix} R^{-1} & O_{m\times n} \\ O_{n\times m} & I_n \end{bmatrix} \begin{bmatrix} B^T P \\ Q^{\frac{1}{2}} \end{bmatrix} \xi = 0 \tag{9.36}$$

である。$\mathrm{Re}\lambda \geq 0$ および $P \geq O_{n\times n}$ の仮定から (9.36) 式が成立するため

には少なくとも

$$B^T P\xi = O_{m\times 1} \tag{9.37}$$

$$Q^{\frac{1}{2}}\xi = O_{n\times 1} \tag{9.38}$$

でなければならない。固有方程式に (9.37) 式を代入すると

$$\left(A - BR^{-1}B^T P\right)\xi = A\xi = \lambda\xi \tag{9.39}$$

なので、(9.38) 式と (9.39) 式から

$$\begin{bmatrix} A - \lambda I_n \\ Q^{\frac{1}{2}} \end{bmatrix}\xi = O_{2n\times 1}$$

となる。ところが、対 $\left(Q^{\frac{1}{2}}, A\right)$ が可観測である仮定から $\xi = O_{n\times 1}$ となり、ξ が固有ベクトルであることと矛盾する。それゆえ、解 $P \geq O_{n\times n}$ により $\mathrm{Re}\lambda\left(A - BR^{-1}B^T P\right) < 0$ となる。また、対 $\left(Q^{\frac{1}{2}}, A\right)$ が可観測である仮定から、任意の複素数 s に対して

$$\begin{aligned}
&\mathrm{rank}\begin{bmatrix} A - BR^{-1}B^T P - sI_n \\ B^T P \\ Q^{\frac{1}{2}} \end{bmatrix} \\
&= \mathrm{rank}\begin{bmatrix} I_n & BR^{-1} & O_{n\times n} \\ O_{m\times n} & I_m & O_{m\times n} \\ O_{n\times n} & O_{n\times n} & I_n \end{bmatrix}\begin{bmatrix} A - BR^{-1}B^T P - sI_n \\ B^T P \\ Q^{\frac{1}{2}} \end{bmatrix} \\
&= \mathrm{rank}\begin{bmatrix} A - sI_n \\ Q^{\frac{1}{2}} \\ B^T P \end{bmatrix} = n
\end{aligned}$$

より対 $\left(\begin{bmatrix} B^T P \\ Q^{\frac{1}{2}} \end{bmatrix}, A - BR^{-1}B^T P\right)$ が可観測である。いま

$$W(t) = \int_0^t e^{\left(A-BR^{-1}B^TP\right)^T\tau} \begin{bmatrix} PB & Q^{\frac{1}{2}} \end{bmatrix} \begin{bmatrix} R^{-1} & O_{m\times n} \\ O_{n\times m} & I_n \end{bmatrix} \times \begin{bmatrix} B^TP \\ Q^{\frac{1}{2}} \end{bmatrix} e^{\left(A-BR^{-1}B^TP\right)\tau} d\tau$$

とする行列を定義し、ある時刻 t で $\det W(t) = 0$ と仮定する。このとき、$W(t)\eta = O_{n\times1}$ となる n 次元ベクトル $\eta \neq O_{n\times1}$ が存在するので $\eta^TW(t)\eta = 0$ となる。ところで、$\eta^TW(t)\eta$ の被積分関数

$$\eta^T e^{\left(A-BR^{-1}B^TP\right)^T\tau} \begin{bmatrix} PB & Q^{\frac{1}{2}} \end{bmatrix} \begin{bmatrix} R^{-1} & O_{m\times n} \\ O_{n\times m} & I_n \end{bmatrix} \times \begin{bmatrix} B^TP \\ Q^{\frac{1}{2}} \end{bmatrix} e^{\left(A-BR^{-1}B^TP\right)\tau} \eta$$

は負ではない関数なので

$$\begin{bmatrix} B^TP \\ Q^{\frac{1}{2}} \end{bmatrix} e^{\left(A-BR^{-1}B^TP\right)\tau} \eta \equiv O_{(n+m)\times1}\,(0 \le \tau \le t)$$

でなければならない。この式を τ で逐次微分して $\tau = 0$ を代入すれば、対 $\left(\begin{bmatrix} B^TP \\ Q^{\frac{1}{2}} \end{bmatrix}, A - BR^{-1}B^TP\right)$ の可観測性から、$\eta \neq O_{n\times1}$ にて

$$\begin{bmatrix} \begin{bmatrix} B^TP \\ Q^{\frac{1}{2}} \end{bmatrix} \\ \begin{bmatrix} B^TP \\ Q^{\frac{1}{2}} \end{bmatrix} \left(A - BR^{-1}B^TP\right) \\ \vdots \\ \begin{bmatrix} B^TP \\ Q^{\frac{1}{2}} \end{bmatrix} \left(A - BR^{-1}B^TP\right)^{n-1} \end{bmatrix} \eta = O_{n(n+m)\times1}$$

が成り立つことに矛盾する。それゆえ、すべての $t > 0$ に対して $W(t)$ は正則行列である。行列 $W(t)$ の被積分関数を微分すると

$$
\begin{aligned}
&\frac{d}{dt}\left\{e^{\left(A-BR^{-1}B^TP\right)^Tt}\begin{bmatrix}PB & Q^{\frac{1}{2}}\end{bmatrix}\begin{bmatrix}R^{-1} & O_{m\times n}\\ O_{n\times m} & I_n\end{bmatrix}\right.\\
&\quad\left.\times\begin{bmatrix}B^TP\\ Q^{\frac{1}{2}}\end{bmatrix}e^{\left(A-BR^{-1}B^TP\right)t}\right\}\\
&=\left(A-BR^{-1}B^TP\right)^Te^{\left(A-BR^{-1}B^TP\right)^Tt}\begin{bmatrix}PB & Q^{\frac{1}{2}}\end{bmatrix}\\
&\quad\times\begin{bmatrix}R^{-1} & O_{m\times n}\\ O_{n\times m} & I_n\end{bmatrix}\begin{bmatrix}B^TP\\ Q^{\frac{1}{2}}\end{bmatrix}e^{\left(A-BR^{-1}B^TP\right)t}\\
&\quad+e^{\left(A-BR^{-1}B^TP\right)^Tt}\begin{bmatrix}PB & Q^{\frac{1}{2}}\end{bmatrix}\begin{bmatrix}R^{-1} & O_{m\times n}\\ O_{n\times m} & I_n\end{bmatrix}\\
&\quad\times\begin{bmatrix}B^TP\\ Q^{\frac{1}{2}}\end{bmatrix}e^{\left(A-BR^{-1}B^TP\right)t}\left(A-BR^{-1}B^TP\right)
\end{aligned}
$$

となる。両辺を区間 $[0, \infty]$ で時間積分すると $\mathrm{Re}\lambda\left(A-BR^{-1}B^TP\right) < 0$ であることから

$$
\begin{aligned}
&\left(A-BR^{-1}B^TP\right)^TW(\infty)+W(\infty)\left(A-BR^{-1}B^TP\right)\\
&\quad+\begin{bmatrix}PB & Q^{\frac{1}{2}}\end{bmatrix}\begin{bmatrix}R^{-1} & O_{m\times n}\\ O_{n\times m} & I_n\end{bmatrix}\begin{bmatrix}B^TP\\ Q^{\frac{1}{2}}\end{bmatrix}=O_{n\times n}
\end{aligned}
$$

となる。これは、$P = W(\infty)$ としたときの (9.35) 式になる。それゆえ、解 $P = W(\infty)$ であり、$R > O_{m\times m}$ から P は正定行列になる。

解の唯一性については、(9.28) 式が二つの解 $P_i\,(i = 1, 2)$ をもつと仮定すると

$$
A^TP_i + P_iA - P_iBR^{-1}B^TP_i + Q = O_{n\times n}, \quad i = 1, 2
$$

が成り立つ。二つの式の差を取ると

$$
\begin{aligned}
&A^T(P_2-P_1)+(P_2-P_1)A-P_2BR^{-1}B^TP_2+P_1BR^{-1}B^TP_1\\
&=A^T(P_2-P_1)+(P_2-P_1)A-P_2BR^{-1}B^TP_2+P_1BR^{-1}B^TP_1\\
&+P_2BR^{-1}B^TP_1-P_2BR^{-1}B^TP_1+P_1BR^{-1}B^TP_2-P_1BR^{-1}B^TP_2\\
&+P_2BR^{-1}B^TP_2-P_2BR^{-1}B^TP_2\\
&=A^T(P_2-P_1)+(P_2-P_1)A-\left(BR^{-1}B^TP_2\right)^T(P_2-P_1)\\
&-(P_2-P_1)BR^{-1}B^TP_2+(P_2-P_1)BR^{-1}B^T(P_2-P_1)\\
&=\left(A-BR^{-1}B^TP_2\right)^T(P_2-P_1)+(P_2-P_1)\left(A-BR^{-1}B^TP_2\right)\\
&+(P_2-P_1)BR^{-1}B^T(P_2-P_1)=O_{n\times n}
\end{aligned}
$$

である。いま

$$
\left(A-BR^{-1}B^TP_i\right)\xi_i=\lambda_i\xi_i,\quad i=1,2
$$

とすると

$$
\begin{aligned}
&\bar{\xi}_2^T\left\{\left(A-BR^{-1}B^TP_2\right)^T(P_2-P_1)+(P_2-P_1)\left(A-BR^{-1}B^TP_2\right)\right.\\
&\left.+(P_2-P_1)BR^{-1}B^T(P_2-P_1)\right\}\xi_2\\
&=2\mathrm{Re}\lambda_2\bar{\xi}_2^T(P_2-P_1)\xi_2+\bar{\xi}_2^T(P_2-P_1)BR^{-1}B^T(P_2-P_1)\xi_2=0
\end{aligned}
$$

が成り立つためには、$\mathrm{Re}\lambda_i<0\,(i=1,2)$ であるため、$P_2-P_1\geq O_{n\times n}$ でなければならない。また、P_1 と P_2 を入れ替えれば、同様の議論より $P_1-P_2\geq O_{n\times n}$ でなければならない。これらが同時に満足されるためには、$P_2=P_1$ でなければならず、(9.28) 式が二つの解 $P_i\,(i=1,2)$ をもつ仮定に反する。それゆえ、解の唯一性は示された。

以上で定理 9.2 が示される。 ■

リカッチ方程式は非線形の行列方程式であり、次数が低い場合には対称行列として P の構造を仮定し、その要素を未知数とした非線形の連立代数方程式を直接解けばよいが、高次系では困難である。次数に関係なく系統的に解く方法として、ハミルトン行列に基づく方法を紹介しておこう。

(9.24) 式および (9.25) 式中の行列 A, B, Q, R を使ったつぎの行列 $\mathcal{H}$

$$\mathcal{H} = \begin{bmatrix} A & -BR^{-1}B^T \\ -Q & -A^T \end{bmatrix} \tag{9.40}$$

をハミルトン行列という。(9.28) 式が満足されるもとでハミルトン行列の特性多項式を求めると

$$\det(sI_{2n} - \mathcal{H}) = \det \begin{bmatrix} sI_n - A & BR^{-1}B^T \\ Q & sI_n + A^T \end{bmatrix}$$
$$= \det \begin{bmatrix} I_n & O_{n\times n} \\ -P & I_n \end{bmatrix} \begin{bmatrix} sI_n - A & BR^{-1}B^T \\ Q & sI_n + A^T \end{bmatrix} \begin{bmatrix} I_n & O_{n\times n} \\ P & I_n \end{bmatrix}$$
$$= \det \begin{bmatrix} sI_n - A + BR^{-1}B^TP & BR^{-1}B^T \\ PA - PBR^{-1}B^TP + Q + A^TP & -PBR^{-1}B^T + sI_n + A^T \end{bmatrix}$$
$$= \det \begin{bmatrix} sI_n - \left(A - BR^{-1}B^TP\right) & BR^{-1}B^T \\ O_{n\times n} & sI_n + \left(A - BR^{-1}B^TP\right)^T \end{bmatrix}$$
$$= \det\left\{sI_n - \left(A - BR^{-1}B^TP\right)\right\} \det\left\{sI_n + \left(A - BR^{-1}B^TP\right)\right\}$$

が成り立つ。それゆえ、(9.28) 式が満足されるもとでハミルトン行列 $\mathcal{H}$ の固有値は複素平面の左半平面と右半平面に各々 n 個ずつ対称に配置されており、左半平面にある固有値は閉ループ系 (9.30) 式の安定な極となる。この安定な n 個の極は重複していないとし、それを $\lambda_i\,(i = 1\cdots, n)$ と記述するものとして、各 λ_i に対するハミルトン行列 $\mathcal{H}$ の固有ベクトルを $\begin{bmatrix} u_i^T & v_i^T \end{bmatrix}^T (i = 1\cdots, n)$ と記述する。ただし、$u_i, v_i\,(i = 1\cdots, n)$ は n 次の列ベクトルである。このとき、リカッチ方程式の解 P は

$$P = \begin{bmatrix} v_1 & \cdots & v_n \end{bmatrix} \begin{bmatrix} u_1 & \cdots & u_n \end{bmatrix}^{-1} \tag{9.41}$$

となる。簡単に証明をしておこう。リカッチ方程式 (9.28) 式の解を $\bar{P}$ と記述すると、任意の s に対して

$$\left(sI_n + A^T\right)\bar{P} - \bar{P}\left(sI_n - A + BR^{-1}B^T\bar{P}\right) + Q = O_{n\times n} \tag{9.42}$$

が成り立つ。行列 $A - BR^{-1}B^T\bar{P}$ の固有値を $\lambda_i\,(i = 1\cdots,n)$、各 λ_i に対する固有ベクトルを $u_i\,(i = 1\cdots,n)$ とすると

$$\left(A - BR^{-1}B^T\bar{P}\right)u_i = \lambda_i u_i, \quad i = 1\cdots,n \tag{9.43}$$

から (9.42) 式において $s = \lambda_i$ とし、さらに (9.42) 式に (9.43) 式を代入した後両辺右から u_i を掛けると

$$\left(\lambda_i I_n + A^T\right)\bar{P}u_i + Qu_i = O_{n\times 1} \tag{9.44}$$

となる。$v_i = \bar{P}u_i\,(i = 1\cdots,n)$ とすれば (9.43) 式および (9.44) 式は

$$Au_i - BR^{-1}B^T v_i = \lambda_i u_i \tag{9.45}$$

$$-Qu_i - A^T v_i = \lambda_i v_i \tag{9.46}$$

となり、これらの式をハミルトン行列 $\mathcal{H}$ を用いて表現すると

$$\mathcal{H}\begin{bmatrix} u_i^T & v_i^T \end{bmatrix}^T = \lambda_i \begin{bmatrix} u_i^T & v_i^T \end{bmatrix}^T \tag{9.47}$$

となる。それゆえ、$v_i = \bar{P}u_i\,(i = 1\cdots,n)$ のもとで $\lambda_i\,(i = 1\cdots,n)$ はハミルトン行列 $\mathcal{H}$ の固有値、$\begin{bmatrix} u_i^T & v_i^T \end{bmatrix}^T (i = 1\cdots,n)$ は λ_i に対するハミルトン行列 $\mathcal{H}$ の固有ベクトルとなるので、リカッチ方程式の解は (9.41) 式で記述されることが示される。

〔例題 **9.4**〕 状態方程式が

$$\dot{x}(t) = Ax(t) + Bu(t)$$

として記述される制御対象を考える。ただし

$$A = \begin{bmatrix} 0 & 1 \\ 2 & 3 \end{bmatrix}, \quad B = \begin{bmatrix} 0 \\ 1 \end{bmatrix}$$

である。このとき、(9.25) 式の評価関数 J を最小化するような制御入力 $u(t)$ を求めよ。ただし、J の重み行列は

$$Q = \begin{bmatrix} 2 & 0 \\ 0 & 1 \end{bmatrix}, \quad R = \frac{1}{6}$$

とする。

〔解答〕 $\mathrm{rank}B = 1$ であり、行列 A, B は可制御標準形になっているので、対 (A, B) は可制御である。定理 9.2 に従って、制御入力 $u(t)$ を求める。

まずはリカッチ方程式を直接解く方法で、つぎにハミルトン行列に基づく方法で解いてみよう。

1. 直接解く方法

リカッチ方程式の解を

$$P = \begin{bmatrix} p_{11} & p_{12} \\ * & p_{22} \end{bmatrix}$$

とおく。ただし、$*$ は対称となる要素と同じであることを意味する。

$$\begin{aligned}
&A^T P + PA - PBR^{-1}B^T P + Q \\
&= \begin{bmatrix} 0 & 2 \\ 1 & 3 \end{bmatrix} \begin{bmatrix} p_{11} & p_{12} \\ * & p_{22} \end{bmatrix} + \begin{bmatrix} p_{11} & p_{12} \\ * & p_{22} \end{bmatrix} \begin{bmatrix} 0 & 1 \\ 2 & 3 \end{bmatrix} \\
&- \begin{bmatrix} p_{11} & p_{12} \\ * & p_{22} \end{bmatrix} \begin{bmatrix} 0 \\ 1 \end{bmatrix} 6 \begin{bmatrix} 0 & 1 \end{bmatrix} \begin{bmatrix} p_{11} & p_{12} \\ * & p_{22} \end{bmatrix} + \begin{bmatrix} 2 & 0 \\ 0 & 1 \end{bmatrix} \\
&= \begin{bmatrix} -6p_{12}^2 + 4p_{12} + 2 & p_{11} + 1 - (2p_{22} - 1)(3p_{12} - 1) \\ * & -6p_{22}^2 + 6p_{22} + 2p_{12} + 1 \end{bmatrix} = O_{2\times 2}
\end{aligned}$$

となる。1-1 要素より p_{12} の二次方程式を解くと $p_{12}=1,-\frac{1}{3}$ である。この p_{12} の値を 2-2 要素に代入して p_{22} の二次方程式を解くと

(a) $p_{12}=-\frac{1}{3}$ のとき

$$18p_{22}^2-18p_{22}-1=0$$

を解くと $p_{22}>0$ の解は

$$p_{22}=\frac{1}{2}\left(1+\sqrt{\frac{11}{9}}\right)$$

である。

(b) $p_{12}=1$ のとき

$$2p_{22}^2-2p_{22}-1=0$$

を解くと $p_{22}>0$ の解は

$$p_{22}=\frac{1}{2}\left(1+\sqrt{3}\right)$$

である。

1-2 要素より

$$p_{11}=(2p_{22}-1)(3p_{12}-1)-1$$

であることから (a) の結果を代入すると

$$p_{11}=-\left(1+2\sqrt{\frac{11}{9}}\right)<0$$

であるので、正定な解 P の要素にはならない。(b) の結果を代入すると

$$p_{11}=2\sqrt{3}-1>0$$

である。それゆえ、リカッチ方程式の解 P は

$$P = \begin{bmatrix} 2\sqrt{3}-1 & 1 \\ 1 & \frac{1}{2}\left(1+\sqrt{3}\right) \end{bmatrix}$$

として得られる。P が正定行列であることは $\det P = \frac{1}{2}\left(3+\sqrt{3}\right) > 0$ であることから確認できる。

2. ハミルトン行列に基づく方法

ハミルトン行列 $\mathcal{H}$ は

$$\mathcal{H} = \begin{bmatrix} A & -BR^{-1}B^T \\ -Q & -A^T \end{bmatrix} = \begin{bmatrix} 0 & 1 & 0 & 0 \\ 2 & 3 & 0 & -6 \\ -2 & 0 & 0 & -2 \\ 0 & -1 & -1 & -3 \end{bmatrix}$$

である。ハミルトン行列 $\mathcal{H}$ の特性方程式を求めると、ハミルトン行列 $\mathcal{H}$ は四次正方行列であり、その特性方程式は複二次式になり

$$\begin{aligned} \det\left(sI_4 - \mathcal{H}\right) &= s^4 - 19s^2 + 16 = \left(s^2+4\right)^2 - \left(3\sqrt{3}s\right)^2 \\ &= \left(s^2 + 3\sqrt{3}s + 4\right)\left(s^2 - 3\sqrt{3}s + 4\right) = 0 \end{aligned}$$

として得られる。$\mathcal{H}$ の固有値は

$$s = \frac{1}{2}\left(-3\sqrt{3} \pm \sqrt{11}\right), \quad s = \frac{1}{2}\left(3\sqrt{3} \pm \sqrt{11}\right)$$

であるが、選択すべき安定な固有値は $s_i = \frac{1}{2}\left(-3\sqrt{3} \pm \sqrt{11}\right)$ である。s_i に対する固有ベクトルはつぎの同次連立四元一次方程式

$$\begin{bmatrix} s_i & -1 & 0 & 0 \\ -2 & s_i - 3 & 0 & 6 \\ 2 & 0 & s_i & 2 \\ 0 & 1 & 1 & s_i + 3 \end{bmatrix} \begin{bmatrix} u_{i1} \\ u_{i2} \\ v_{i1} \\ v_{i2} \end{bmatrix} = O_{4\times 1}$$

を解けばよい。一つの解き方を示そう。連立方程式の係数行列の階数は 3 である。また、係数行列の第 1 行目から 3 行目までの行ベクトルを並べた行列の階数も 3 であるので、この三つに対する方程式を解けばよい。1 行目より $u_{i1} = \alpha_i$ とおいて $u_{i2} = s_i\alpha_i$ となる。2 行目と 3 行目より

$$\begin{bmatrix} 0 & 6 \\ s_i & 2 \end{bmatrix} \begin{bmatrix} v_{i1} \\ v_{i2} \end{bmatrix} = \begin{bmatrix} 2 & 3 - s_i \\ -2 & 0 \end{bmatrix} \begin{bmatrix} 1 \\ s_i \end{bmatrix} \alpha_i$$

の連立方程式を解くと

$$\begin{bmatrix} v_{i1} \\ v_{i2} \end{bmatrix} = -\frac{\alpha_i}{6s_i} \begin{bmatrix} -2\left(s_i^2 - 3s_i - 8\right) \\ s_i\left(s_i^2 - 3s_i - 2\right) \end{bmatrix}$$

であるが、$s_i^2 = -3\sqrt{3}s_i - 4$ より

$$\begin{bmatrix} v_{i1} \\ v_{i2} \end{bmatrix} = \frac{\alpha_i}{6s_i} \begin{bmatrix} -6\left\{\left(\sqrt{3}+1\right)s_i + 4\right\} \\ 3s_i\left\{\left(\sqrt{3}+1\right)s_i + 2\right\} \end{bmatrix}$$

となる。$\alpha_i = 12$ とし s_i を代入すると、固有ベクトルは

$$\begin{bmatrix} u_{i1} \\ u_{i2} \\ v_{i1} \\ v_{i2} \end{bmatrix} = \begin{bmatrix} 12 \\ 6\left(-3\sqrt{3} \pm \sqrt{11}\right) \\ -12 + 6\left(\sqrt{3} \pm \sqrt{11}\right) \\ -6 + 3\left(-3 \pm \sqrt{11}\right)\left(1 + \sqrt{3}\right) \end{bmatrix}$$

となる（固有値 s_i と複合同順である）。それゆえ、解 P は (9.41) 式より

$$\begin{aligned} P &= \begin{bmatrix} v_{11} & v_{21} \\ v_{12} & v_{22} \end{bmatrix} \begin{bmatrix} u_{11} & u_{21} \\ u_{12} & u_{22} \end{bmatrix}^{-1} \\ &= \begin{bmatrix} -12 + 6\left(\sqrt{3} + \sqrt{11}\right) & -12 + 6\left(\sqrt{3} - \sqrt{11}\right) \\ -6 + 3\left(-3 + \sqrt{11}\right)\left(1 + \sqrt{3}\right) & -6 + 3\left(-3 - \sqrt{11}\right)\left(1 + \sqrt{3}\right) \end{bmatrix} \\ &\times \begin{bmatrix} 12 & 12 \\ 6\left(-3\sqrt{3} + \sqrt{11}\right) & 6\left(-3\sqrt{3} - \sqrt{11}\right) \end{bmatrix}^{-1} \end{aligned}$$

$$
= \begin{bmatrix} -4+2\left(\sqrt{3}+\sqrt{11}\right) & -4+2\left(\sqrt{3}-\sqrt{11}\right) \\ -2+\left(-3+\sqrt{11}\right)\left(1+\sqrt{3}\right) & -2+\left(-3-\sqrt{11}\right)\left(1+\sqrt{3}\right) \end{bmatrix}
$$

$$
\times \frac{1}{8\sqrt{11}} \begin{bmatrix} 3\sqrt{3}+\sqrt{11} & 2 \\ -3\sqrt{3}+\sqrt{11} & -2 \end{bmatrix}
$$

$$
= \frac{1}{8\sqrt{11}} \begin{bmatrix} 8\sqrt{11}\left(2\sqrt{3}-1\right) & 8\sqrt{11} \\ * & 4\sqrt{11}\left(1+\sqrt{3}\right) \end{bmatrix}
$$

$$
= \begin{bmatrix} 2\sqrt{3}-1 & 1 \\ * & \frac{1}{2}\left(1+\sqrt{3}\right) \end{bmatrix}
$$

として得られ、直接解く方法の結果と一致している。

3. 制御入力 $u(t)$

リカッチ方程式の解を用いて、制御入力 $u(t)$ は (9.27) 式より

$$
u(t) = -K_o x(t) = -R^{-1}B^T P x(t)
$$

$$
= -6 \begin{bmatrix} 0 & 1 \end{bmatrix} \begin{bmatrix} 2\sqrt{3}-1 & 1 \\ 1 & \frac{1}{2}\left(1+\sqrt{3}\right) \end{bmatrix} x(t) = -\begin{bmatrix} 6 & 3\left(1+\sqrt{3}\right) \end{bmatrix} x(t)
$$

として得られる。

9.6 サーボ系

レギュレータや最適レギュレータは、状態フィードバック制御によりシステムの状態を原点に収束させる極めて強力な制御器である。一方、現実の制御問題では、制御量と呼ばれる制御対象の状況を表す出力変数をある値に追従させる制御が必要になる場合がある。このような場合、レギュレータでは制御量を目標値に追従させることはできない。制御量を目標値に追従させる制御器としてサーボ系が知られている。その設計法はレギュレータの設計法を直接適用できる。本節ではサーボ系の基本的考え方とレギュレータの設計法を用いたサー

ボ系設計法を示す。

まず、サーボ系を理解するうえで基本となる制御系の定常特性について簡単に触れる。図 9.7 に示す制御系はフィードバックループに伝達要素をもたない

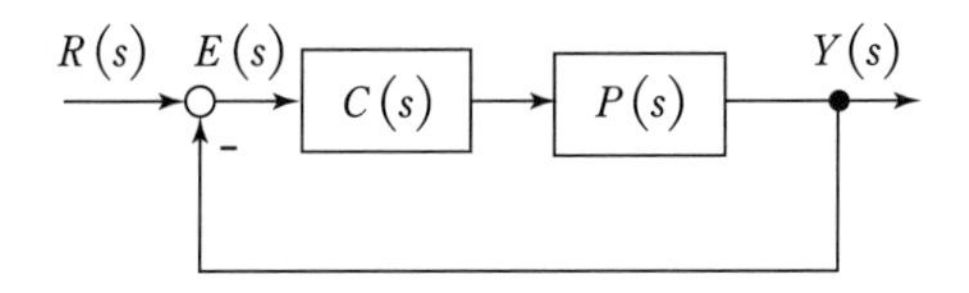

図 **9.7**　ユニティフィードバック制御系

ユニティフィードバック制御系である。この制御系は様々なフィードバック制御系の基本構成となっている。ここで、$P(s)$ は制御対象の伝達関数、$C(s)$ は制御器の伝達関数を表す。さらに、$G(s) = P(s)C(s)$ を開ループ伝達関数とする。目標値 $r(t)$ と制御量 $y(t)$ が直接比較されるユニティフィードバック制御系では、$e(t) = r(t) - y(t)$ を偏差と呼ぶ。目標値 $r(t)$、制御量 $y(t)$、偏差 $e(t)$ のラプラス変換をそれぞれ $R(s), Y(s), E(s)$ とすれば

$$
\begin{aligned}
Y(s) &= W(s)R(s), \quad W(s) = \frac{G(s)}{1+G(s)} \\
E(s) &= S(s)R(s), \quad S(s) = \frac{1}{1+G(s)}
\end{aligned}
\tag{9.48}
$$

の関係が成り立つ。ここで、$W(s)$ は閉ループ伝達関数であり、$S(s)$ は感度関数と呼ばれる。感度関数は、パラメータ変動により制御対象が $P_v(s) = P(s) + \Delta P(s)$ へ変動し、その変動によって閉ループ伝達関数が $W_v(s) = W(s) + \Delta W(s)$ へ変動したとき、制御対象の変動に対する閉ループ伝達関数の変動の比、すなわち制御対象のパラメータ変動に対する閉ループ伝達関数の感度

$$
S(s) = \frac{\Delta W(s)/W_v(s)}{\Delta P(s)/P_v(s)} \tag{9.49}
$$

を表すものである（練習問題 7）。一方、偏差の定常値を定常偏差と呼び、最終

値定理を用いて次式で定義する。

$$e_s = \lim_{t\to\infty} e(t) = \lim_{s\to 0} sE(s) = \lim_{s\to 0} \frac{s}{1+G(s)} R(s) \tag{9.50}$$

目標値が $r(t) = t^{n-1}$ の場合、定常偏差は

(1) $n = 1$ ($r(t) = u_H(t)$：単位ステップ関数)

$$e_s = \lim_{s\to 0} \frac{s}{1+G(s)} \frac{1}{s} = \lim_{s\to 0} \frac{1}{1+G(s)}$$

(2) $n \geq 2$

$$e_s = \lim_{s\to 0} \frac{s}{1+G(s)} \frac{(n-1)!}{s^n} = \lim_{s\to 0} \frac{(n-1)!}{s^{n-1}G(s)}$$

で与えられる。

このとき、$G(s)$ が $1/s$ を n 個以上もっていれば

$$\lim_{s\to 0} s^{n-1}G(s) \to \infty, \qquad n \geq 1$$

であるから、$e_s = 0$ となり、定常偏差は残らない。開ループ伝達関数が $1/s$ を n 個もつシステムは n 型の制御系と呼ばれる。したがって、$r(t) = t^{n-1}$ のように、そのラプラス変換 $R(s)$ が $1/s$ を n 個もつ場合、n 型の制御系は定常偏差 0 で目標値に追従する。

このように制御量が目標値に追従する制御系をサーボ系と呼ぶ。図 9.8 に積分器を配置した **1** 型サーボ系を示す。図 9.8 に示される制御対象の状態方程式は

$$\dot{x}(t) = Ax(t) + Bu(t) \tag{9.51}$$

$$y(t) = Cx(t) \tag{9.52}$$

である。ここで、対 (A, B) は可制御、$x(t) \in R^n, u(t) \in R^m, r(t) \in R^m, y(t) \in R^m$ とする。すなわち、サーボ系では目標値の次元と制御入力および制御量の

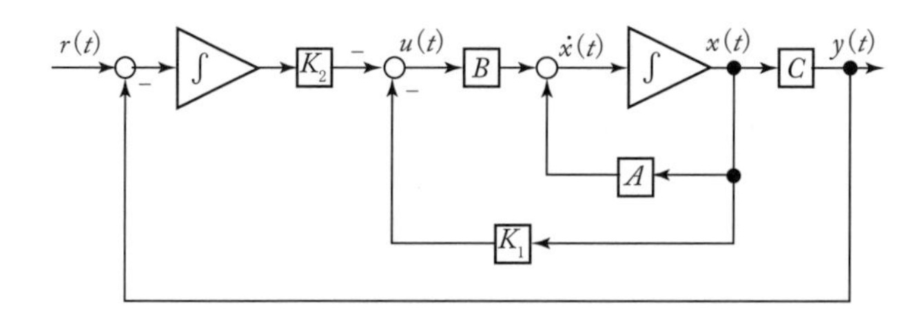

図 **9.8** 1型サーボ系

次元は等しい。制御入力 $u(t)$ は制御対象の状態 $x(t)$ が直接測定可能であるとして

$$u(t) = -K_1 x(t) - K_2 \int \{r(t) - y(t)\}\, dt \tag{9.53}$$

で与えられる。フィードバックゲイン行列 K_1, K_2 の設計のため、つぎの補題を準備する。

補題 9.1 対 (A, B) が可制御で

$$\mathrm{rank} \begin{bmatrix} A & B \\ C & O_{m\times m} \end{bmatrix} = n + m$$

であれば、対

$$\left(\begin{bmatrix} A & O_{n\times m} \\ -C & O_{m\times m} \end{bmatrix}, \begin{bmatrix} B \\ O_{m\times m} \end{bmatrix} \right)$$

は可制御である。また、このとき、制御入力 *(9.53)* 式のフィードバックゲイン行列 K_1, K_2 を適切に選べば、一定値の目標値 $(r(t) = r)$ に対して定常偏差 0 で追従するサーボ系を構成できる。

証明. $\hat{A}, \hat{B}$ をつぎのように定義する。

$$\hat{A} = \begin{bmatrix} A & O_{n\times m} \\ -C & O_{m\times m} \end{bmatrix}, \hat{B} = \begin{bmatrix} B \\ O_{m\times m} \end{bmatrix}$$

ここで、対 $(\hat{A}, \hat{B})$ の可制御性行列 $\hat{U}_c$ は

$$\hat{A}^k = \begin{bmatrix} A^k & O_{n\times m} \\ -CA^{k-1} & O_{m\times m} \end{bmatrix}$$

を用いて計算すれば

$$\begin{aligned} \hat{U}_c &= \begin{bmatrix} B & AB & A^2B & \cdots & A^{n+m-1}B \\ O_{m\times m} & -CB & -CAB & \cdots & -CA^{n+m-2}B \end{bmatrix} \\ &= \begin{bmatrix} A & B \\ -C & O_{m\times m} \end{bmatrix} \begin{bmatrix} O_{n\times m} & B & AB & \cdots & A^{n+m-2}B \\ I_m & O_{m\times m} & O_{m\times m} & \cdots & O_{m\times m} \end{bmatrix} \\ &= \begin{bmatrix} A & B \\ -C & O_{m\times m} \end{bmatrix} \bar{U}_c \end{aligned} \tag{9.54}$$

となる。対 (A, B) が可制御であることから、$\mathrm{rank}\bar{U}_c = n + m$ であり

$$\mathrm{rank} \begin{bmatrix} A & B \\ -C & O_{m\times m} \end{bmatrix} = \mathrm{rank} \begin{bmatrix} A & B \\ C & O_{m\times m} \end{bmatrix} = n + m$$

であるから、シルベスターの不等式より、(9.54) 式のランクは $n + m$ であることが分かる。

つぎに一定値の目標値 $(r(t) = r)$ に対する定常値を求める。(9.51) 式、(9.52) 式、(9.53) 式および

$$\dot{\eta}(t) = r - y(t) \tag{9.55}$$

より、次元を拡大したシステム

$$\begin{aligned} \frac{d}{dt} \begin{bmatrix} x(t) \\ \eta(t) \end{bmatrix} &= \begin{bmatrix} A & O_{n\times m} \\ -C & O_{m\times m} \end{bmatrix} \begin{bmatrix} x(t) \\ \eta(t) \end{bmatrix} + \begin{bmatrix} B \\ O_{m\times m} \end{bmatrix} u(t) + \begin{bmatrix} O_{n\times 1} \\ r \end{bmatrix} \\ &= \begin{bmatrix} A - BK_1 & -BK_2 \\ -C & O_{m\times m} \end{bmatrix} \begin{bmatrix} x(t) \\ \eta(t) \end{bmatrix} + \begin{bmatrix} O_{n\times 1} \\ r \end{bmatrix} \end{aligned} \tag{9.56}$$

をつくる。対 $(\hat{A}, \hat{B})$ が可制御であることから、行列

$$\begin{bmatrix} A - BK_1 & -BK_2 \\ -C & O_{m\times m} \end{bmatrix}$$

の固有値を任意に配置するフィードバックゲイン行列 K_1, K_2 が存在するため、すべての固有値を複素開左半平面に配置できる。このとき、定数 r に対して

$$\lim_{t\to\infty} \dot{x}(t) = 0, \lim_{t\to\infty} \dot{\eta}(t) = 0$$

となる。また、定常値を $x(\infty) = \lim_{t\to\infty} x(t), \eta(\infty) = \lim_{t\to\infty} \eta(t)$ とすれば、(9.56) 式は

$$O_{(n+m)\times 1} = \begin{bmatrix} A - BK_1 & -BK_2 \\ -C & O_{m\times m} \end{bmatrix} \begin{bmatrix} x(\infty) \\ \eta(\infty) \end{bmatrix} + \begin{bmatrix} O_{n\times 1} \\ r \end{bmatrix}$$

と書ける。これは $Cx(\infty) = r$、すなわち、$\lim_{t\to\infty} y(t) = r$ となることを示す。 ■

補題 9.1 の条件の下で、1 型サーボ系の設計法は以下のように与えられる。$e(t) = r - y(t)$ とおき、制御入力 (9.53) 式を微分すれば

$$\dot{u}(t) = -K_1\dot{x}(t) - K_2 e(t) = -\begin{bmatrix} K_1 & K_2 \end{bmatrix} \begin{bmatrix} \dot{x}(t) \\ e(t) \end{bmatrix} \tag{9.57}$$

と書ける。ここで、新たな制御入力 $\hat{u}(t) = \dot{u}(t)$、新たな状態 $\hat{x}(t) = [\dot{x}(t)^T \;\; e(t)^T]^T \in R^{n+m}$ および新たなフィードバックゲイン行列 $\hat{K} = [K_1 \; K_2] \in R^{m\times(n+m)}$ を用いれば、(9.57) 式は

$$\hat{u}(t) = -\hat{K}\hat{x}(t) \tag{9.58}$$

と書ける。また、$\hat{x}(t)$ を微分すれば

$$\dot{\hat{x}}(t) = \begin{bmatrix} \ddot{x}(t) \\ \dot{e}(t) \end{bmatrix} = \begin{bmatrix} A\dot{x}(t) + B\dot{u}(t) \\ -C\dot{x}(t) \end{bmatrix}$$

$$
= \begin{bmatrix} A & O_{n\times m} \\ -C & O_{m\times m} \end{bmatrix} \begin{bmatrix} \dot{x}(t) \\ e(t) \end{bmatrix} + \begin{bmatrix} B \\ O_{m\times m} \end{bmatrix} \dot{u}(t)
$$

これにより、状態空間の次元を n 次元から $n+m$ 次元に拡大した新たなシステム

$$
\dot{\hat{x}}(t) = \hat{A}\hat{x}(t) + \hat{B}\hat{u}(t) \tag{9.59}
$$

が導出される。これを制御対象 (9.51) 式に対して、拡大系と呼ぶ。したがって、サーボ系のフィードバックゲイン行列 $\hat{K}$ を求める問題は、拡大系 (9.59) 式を安定化する状態フィードバック $\hat{u}(t) = -\hat{K}\hat{x}(t)$ を求める問題となる。すなわち、フィードバックゲイン行列 $\hat{K} = [K_1\ K_2]$ は以下の方法のいずれかで設計できる。

(1) 閉ループ極を希望の極に配置する極配置法を用いて拡大系 (9.59) 式を安定化するレギュレータを設計する。

(2) 拡大系 (9.59) 式に対して、評価関数

$$
J = \int_0^\infty \left\{ \hat{x}(t)^T \hat{Q}\hat{x}(t) + \hat{u}(t)^T \hat{R}\hat{u}(t) \right\} dt \tag{9.60}
$$

を最小化する最適レギュレータを設計する。ただし、$\hat{Q} \in R^{(n+m)\times(n+m)}$ は対 $\left(\hat{Q}^{\frac{1}{2}}, \hat{A}\right)$ が可観測となる準正定行列、また $\hat{R} \in R^{m\times m}$ は正定行列とする。この方法で設計されたサーボ系を最適サーボ系と呼ぶ。

このとき、制御入力 $u(t)$ は $\hat{K} = [K_1\ K_2]$ を用いて (9.53) 式より

$$
u(t) = -K_1 x(t) - K_2 \int \{r - y(t)\}\, dt \tag{9.61}
$$

で与えられる。

〔例題 **9.5**〕 制御対象の状態方程式が

$$
\dot{x}(t) = x(t) + u(t), \quad y(t) = x(t)
$$

で与えられている。1 型サーボ系を以下の二通りの方法で設計せよ。

(1) 拡大系 (9.59) 式の閉ループ極を $-1, -2$ に配置するフィードバックゲイン K_1, K_2 を求めよ。

(2) 拡大系 (9.59) 式に対して、評価関数 (9.60) 式を最小化するフィードバックゲイン K_1, K_2 を求めよ。ただし

$$\hat{Q} = \begin{bmatrix} 0 & 0 \\ 0 & 1 \end{bmatrix}, \ \hat{R} = 1$$

とする。

〔解答〕拡大系の状態方程式は

$$\dot{\hat{x}}(t) = \begin{bmatrix} 1 & 0 \\ -1 & 0 \end{bmatrix} \hat{x}(t) + \begin{bmatrix} 1 \\ 0 \end{bmatrix} \dot{u}(t)$$

となる。

(1) 極配置による方法

アッカーマンの方法を用いる。配置極が $-1, -2$ であるから、その特性方程式は、$s^2 + 3s + 2 = 0$ である。また、拡大系の可制御性行列とその逆行列は

$$\hat{U}_c = \begin{bmatrix} 1 & 1 \\ 0 & -1 \end{bmatrix}, \ \hat{U}_c^{-1} = \begin{bmatrix} 1 & 1 \\ 0 & -1 \end{bmatrix}$$

となる。これより

$$\begin{aligned} \hat{K} &= [0\ 1]\hat{U}_c^{-1}(\hat{A}^2 + 3\hat{A} + 2I_2) \\ &= [0\ 1] \begin{bmatrix} 1 & 1 \\ 0 & -1 \end{bmatrix} \begin{bmatrix} 6 & 0 \\ -4 & 2 \end{bmatrix} = [4\ -2] \end{aligned}$$

となる。したがって、制御入力 $u(t)$ は

$$u(t) = -4x(t) + 2\int \{r - y(t)\}\,dt$$

となる。

(2) 最適レギュレータの設計法を用いる方法

リカッチ方程式の解を

$$P = \begin{bmatrix} p_{11} & p_{12} \\ * & p_{22} \end{bmatrix}$$

とおく。ただし、$*$ は対称となる要素と同じであることを意味する。

$$\begin{aligned}
&\hat{A}^T\hat{P} + \hat{P}\hat{A} - \hat{P}\hat{B}\hat{R}^{-1}\hat{B}^T\hat{P} + \hat{Q} \\
&= \begin{bmatrix} 1 & -1 \\ 0 & 0 \end{bmatrix}\begin{bmatrix} p_{11} & p_{12} \\ * & p_{22} \end{bmatrix} + \begin{bmatrix} p_{11} & p_{12} \\ * & p_{22} \end{bmatrix}\begin{bmatrix} 1 & 0 \\ -1 & 0 \end{bmatrix} \\
&- \begin{bmatrix} p_{11} & p_{12} \\ * & p_{22} \end{bmatrix}\begin{bmatrix} 1 \\ 0 \end{bmatrix}\begin{bmatrix} 1 & 0 \end{bmatrix}\begin{bmatrix} p_{11} & p_{12} \\ * & p_{22} \end{bmatrix} + \begin{bmatrix} 0 & 0 \\ 0 & 1 \end{bmatrix} \\
&= \begin{bmatrix} -p_{11}^2 + 2p_{11} - 2p_{12} & p_{12} - p_{22} - p_{11}p_{12} \\ * & -p_{12}^2 + 1 \end{bmatrix} = O_{2\times 2}
\end{aligned}$$

となる。2-2 要素より p_{12} の二次方程式を解くと $p_{12} = \pm 1$ である。この p_{12} の値を 1-1 要素に代入して p_{11} の二次方程式を解くと

(a) $p_{12} = 1$ のとき

$$p_{11}^2 - 2p_{11} + 2 = 0$$

を解くと $p_{11} = 1 \pm j2$ となり、この場合の $\hat{P}$ は正定行列とならない。

(b) $p_{12} = -1$ のとき

$$p_{11}^2 - 2p_{11} - 2 = 0$$

を解くと $p_{11} = 1 \pm \sqrt{3}$ であるから、$\hat{P}$ の正定性から $p_{11} = 1 + \sqrt{3}$ となる。

p_{22} は 1-2 要素より

$$p_{22} = p_{12} - p_{11}p_{12} = \sqrt{3}$$

となる。それゆえ、リカッチ方程式の解 $\hat{P}$ は

$$\hat{P} = \begin{bmatrix} 1+\sqrt{3} & -1 \\ -1 & \sqrt{3} \end{bmatrix}$$

として得られる。P が正定行列であることは $\det \hat{P} = 2 + \sqrt{3} > 0$ であることから確認できる。制御入力は

$$u(t) = -(1+\sqrt{3})x(t) + \int \{r - y(t)\}\, dt$$

で与えられる。このときの閉ループ極は $(-\sqrt{3} \pm j)/2$ となる。

練習問題

1. T 先生と F さんが状態フィードバック制御について何やら議論をしている。以下の空所を埋めて、あなたも議論に参加しよう。

T 先生：今回は状態フィードバック制御について学んだのですが、重要な前提がありました。それは何だったでしょうか。

F さん：文字通り状態変数を入力側にフィードバックする制御なのですから、すべての状態変数が（　①　）できることが前提ですよね。

T 先生：はい、そのとおりです。この前提が満足されているもとで、状態フィードバック制御を施して、すべての（　②　）を希望の値にすることを学びました。これが（　③　）でしたね。それにより、たとえば（　④　）

なシステムを（　⑤　）なシステムに変更したり、状態変数の（　⑥　）を改善することができるようになります。

Fさん：たしか、無条件で状態フィードバック制御により（　⑦　）ができましたよね。

T先生：本当にそうでしょうか。何か条件はありませんでしたか。

Fさん：忘れてしまいました。

T先生：そうですか。それでは、具体例で復習してみましょう。

$$A = \begin{bmatrix} 1 & 0 \\ 1 & 1 \end{bmatrix}, B = \begin{bmatrix} 0 \\ 1 \end{bmatrix}, K = \begin{bmatrix} k_1, k_2 \end{bmatrix}$$

において、行列 $A - BK$ の固有値を $\{-1, -2\}$ にするようなフィードバックゲイン行列 K を求めてみて下さい。

Fさん：行列 $A - BK$ の（　⑧　）方程式は

$$\det(sI_2 - A + BK) = \det \begin{bmatrix} s-1 & 0 \\ (\quad ⑨ \quad) & s + (\quad ⑩ \quad) \end{bmatrix}$$
$$= (s-1)(s + (\quad ⑪ \quad)) = 0$$

となり、解は $s = 1, s =$（　⑫　）であります。でも、k_2 で行列 $A - BK$ の固有値を -1 あるいは -2 にすることしかできません。

T先生：それでは、対 (A, B) の可制御性を確認してみて下さい。

Fさん：そうか、思い出したぞ。この例では

$$\text{rank}\begin{bmatrix} B & AB \end{bmatrix} = \text{rank}\begin{bmatrix} (\quad ⑬ \quad) & (\quad ⑭ \quad) \\ 1 & 1 \end{bmatrix} = (\quad ⑮ \quad)$$

なので対 (A, B) は（　⑯　）だから、行列 $A - BK$ の固有値を任意に配置できるフィードバックゲイン行列 K は存在しないんですよね。

T 先生：はい、そのとおりです。逆にいえば、行列 $A-BK$ の固有値を任意に配置できるフィードバックゲイン行列 K が存在するための必要十分条件は、対 (A,B) が（ ⑰ ）であることなのです。

2. 対 (A,B) が可制御であるとき、任意のフィードバックゲイン行列 K に対して対 $(A-BK,B)$ も可制御であることを示しなさい。ただし、$A\in R^{n\times n}, B\in R^{n\times m}$ とする。

3. n 次の制御対象のパラメータ行列 A,B に対して、対 (A,B) の可制御性を確認したうえで、行列 $A-BK$ の固有値が希望の値 $\lambda_i\ (i=1,\cdots,n)$ になるようなフィードバックゲイン行列 K を設計せよ。ただし、フィードバックゲイン行列 K が設計できない場合にはその理由を説明しなさい。

(a) $A=\begin{bmatrix}1 & -1\\ 2 & 0\end{bmatrix},\ B=\begin{bmatrix}1\\ 2\end{bmatrix},\quad \lambda_1=-1,\ \lambda_2=-2$

(b) $A=\begin{bmatrix}0 & 1\\ 3 & 2\end{bmatrix},\ B=\begin{bmatrix}1\\ -1\end{bmatrix},\quad \lambda_1=-10,\ \lambda_2=-2$

(c) $A=\begin{bmatrix}0 & 1 & 0\\ 0 & 0 & 1\\ -1 & -2 & -1\end{bmatrix},\ B=\begin{bmatrix}0\\ 0\\ 1\end{bmatrix},\quad \lambda_1=-3,\ \lambda_2=-4,\ \lambda_3=-5$

4. つぎの制御対象のパラメータ行列 A,B

$$A=\begin{bmatrix}0 & 1 & 0\\ -2 & -3 & -1\\ -1 & 0 & -3\end{bmatrix},\ B=\begin{bmatrix}0 & 0\\ 1 & 0\\ 0 & 1\end{bmatrix}$$

に対して、行列 $A-BK$ の固有値が $\lambda_1=-1,\lambda_2=-2,\lambda_3=-3$ になるようなフィードバックゲイン行列 K を $K=GN^{-1}$ より求めたい。ただし、行列 N および G を

$$N=\begin{bmatrix}N_1 & N_2 & N_3\end{bmatrix}, N_i=(A-\lambda_i I_3)^{-1}Bg_i\ \ (i=1,2,3)$$

$$G = \begin{bmatrix} g_1 & g_2 & g_3 \end{bmatrix}, g_1 = \begin{bmatrix} 1 \\ 0 \end{bmatrix}, g_2 = \begin{bmatrix} 0 \\ 1 \end{bmatrix}, g_3 = \begin{bmatrix} \alpha \\ 0 \end{bmatrix}$$

とし、α は自由パラメータである。以下の小問に答えよ。

(a) 対 (A, B) の可制御性を確認せよ。

(b) $K = GN^{-1}$ によりフィードバックゲイン行列 K が得られない $\alpha = \alpha_1$ を求めよ。

(c) α_1 を除くすべての α に対するフィードバックゲイン行列 K を求めよ。

5. 状態方程式が

$$\dot{x}(t) = Ax(t) + Bu(t)$$

として記述される制御対象を考える。ただし

$$A = \begin{bmatrix} -3 & -2 \\ 1 & 0 \end{bmatrix},\ B = \begin{bmatrix} 1 \\ 0 \end{bmatrix}$$

である。このとき、対 (A, B) の可制御性を確認したうえで、二次形式評価関数 J

$$J = \int_0^\infty \left\{ x(t)^T Q x(t) + u(t)^T R u(t) \right\} dt$$

を最小化するような制御入力 $u(t)$ を求めよ。ただし、J の重み行列は

$$Q = \begin{bmatrix} 5 & 0 \\ 0 & 5 \end{bmatrix}, \quad R = 1$$

とする。

6. つぎの状態方程式を有する制御対象

$$\begin{aligned} \dot{x}(t) &= Ax(t) + Bu(t) \\ y(t) &= Cx(t) \end{aligned}$$

ただし

$$A = \begin{bmatrix} 0 & 1 \\ -4 & -5 \end{bmatrix}, \quad B = \begin{bmatrix} 0 \\ 1 \end{bmatrix}, \quad C = \begin{bmatrix} 0 & 1 \end{bmatrix}, \quad x(0) = \begin{bmatrix} x_1(0) \\ x_2(0) \end{bmatrix}$$

に対して状態フィードバック制御 $u(t) = -Kx(t)$ を施して配置される安定な閉ループ極を $-\lambda_i (i = 1, 2)$ としたとき、極の値により出力 $y(t)$ の二乗積分値 J

$$J = \int_0^\infty y(t)^2 dt$$

がどのような値になるのかを考えたい。以下の小問に答えよ。

(a) 対 (A, B) の可制御性を確認せよ。

(b) 対 (A, B) が可制御であれば行列 $A - BK$ の極を $-\lambda_i (i = 1, 2)$ にするフィードバックゲイン行列 K が存在するので、その K を施したときの行列 $A - BK$ を求めよ。

(c) リアプノフ方程式

$$P(A - BK) + (A - BK)^T P + C^T C = O_{2\times 2}$$

の解 P を用いると $J = x(0)^T P x(0)$ となる[11)]。このとき、J の値を求めよ。

(d) $\lambda_1 \to \infty$ かつ $\lambda_2 \to \infty$ としたとき、$J \to \infty$ になる初期値 $x(0)$ と $J \to 0$ になる初期値 $x(0)$ を各々求めよ。ただし、$x_2(0) \neq 0$ とする。

(e) この数値実験結果から、レギュレータの極を複素（　①　）のより遠くに配置すると、J の値が（　②　）する場合があり、これは（　③　）に依存することがわかる。

7. (9.49) 式で定義される感度関数が (9.48) 式に一致することを示せ。

8. 例題 9.5 で重み行列を

$$\hat{Q} = \begin{bmatrix} 0 & 0 \\ 0 & 4 \end{bmatrix},\ \hat{R} = 1$$

としたときの最適サーボ系を求めよ。

10章　状態推定器と併合系

9 章 (P.159) では、システムに内在するすべての状態変数が測定できることを前提にして、状態フィードバック制御による制御系設計が行なわれることを学んだ。しかし、常にこの前提が満足されるとは限らない。本章では、そのような制御対象であっても状態フィードバック制御を行なうために、状態変数を推定する方法について述べる。

10.1　状態推定の考え方

再び図 9.1(P.159) の制御対象（ばねー質量ー粘性系）を考えてみよう。この制御対象の状態変数は平衡状態からの変位 $r(t)$ とその速度 $\dot{r}(t)$ である。観測出力は $r(t)$ のみとし、$\dot{r}(t)$ は観測出力ではないとしよう。そのとき、制御器内で時間微分して状態変数を得ることが考えられる。しかしながら、微分器を用いることは現実的ではない。なぜなら、微分器の周波数応答は $G(j\omega) = j\omega$ である[16)]ので、高周波帯域でのゲインが高くなり、観測雑音を増長させてしまうためである[17)]。

いま、制御対象に対するモデル

$$\begin{cases} \dot{\hat{x}}(t) &= A\hat{x}(t) + Bu(t) \\ \hat{y}(t) &= C\hat{x}(t) \end{cases} \tag{10.1}$$

を与えよう。ただし、$\hat{x}(t)$ は状態変数の候補、$\hat{y}(t)$ は観測出力の候補であり、実際の観測出力 $y(t)$ は $r(t)$ のみであることから $C = \begin{bmatrix} 1 & 0 \end{bmatrix}$ である。すなわち、$y(t) = Cx(t)$ と表わせる。このとき、制御対象の入力 $u(t)$ と同じ入力をモデルにも与えるものとすれば、(9.5) 式 (P.161) と (10.1) 式から

$$\dot{\hat{x}}(t) - \dot{x}(t) = A\left\{\hat{x}(t) - x(t)\right\} \tag{10.2}$$

となるので、$x(0)$ が既知であるならば $\hat{x}(0) = x(0)$ とすれば $\hat{x}(t) = x(t)$ とし

てモデルの状態変数が制御対象の状態変数となる。$x(0)$ が未知である場合には、A が安定行列であるならば $\lim_{t\to\infty}\{\hat{x}(t)-x(t)\}=O_{2\times 1}$ となって $\hat{x}(t)$ から漸近的に状態変数を得ることができる。しかしながら、必ずしもこれらの条件が満足される制御対象ばかりではないし、仮に A が安定行列であったとしても、その固有値の実部が大きな値（絶対値は小さな値）を有する場合には、状態変数を得るまでに時間がかかり、制御対象の動作が速い場合にはこの状態変数を利用することは難しくなる。一方、行列 A の固有値の実部が正である場合には、状態変数を得ることはできない。以上の議論から、状態変数の初期値が未知であり、行列 A の固有値が必ずしも負の値をもたなくても、すみやかに状態変数が漸近的に得られることが求められる。換言すれば、$\lim_{t\to\infty}\{\hat{x}(t)-x(t)\}=O_{2\times 1}$ を達成するための固有値が任意に配置できることが求められる。

そこで、モデル (10.1) 式に制御対象と同じ入力 $u(t)$ を与えるだけではなく、図 10.1 に示すように制御対象とモデルとの間にフィードバック機構を施し、誤差 $e(t)=\hat{x}(t)-x(t)$ をできるだけ小さくすることを考えよう。この誤差 $e(t)$ のことを状態推定誤差、そして図 10.1 のモデルとフィードバック機構を合わせたシステムをルーエンバーガの状態推定器と呼ぶ。(10.1) 式に出力推定誤差 $Ce(t)$ のフィードバック機構 $-HCe(t)$ を付加すると

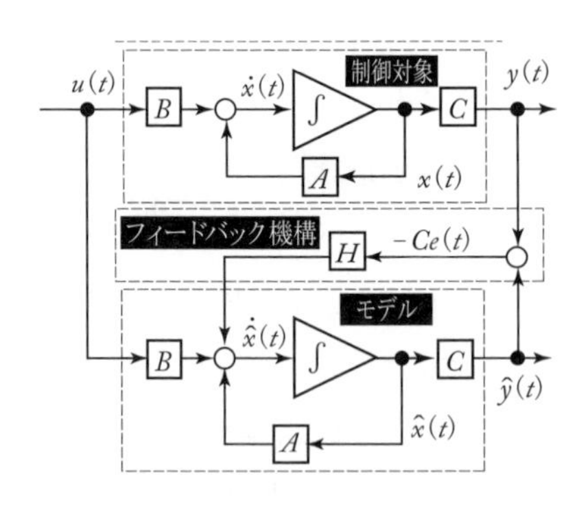

図 **10.1** 状態推定器の考え方

$$\begin{cases} \dot{\hat{x}}(t) &= A\hat{x}(t) + Bu(t) - HCe(t) \\ \hat{y}(t) &= C\hat{x}(t) \end{cases} \tag{10.3}$$

となり、行列 H を状態推定器のゲイン行列（あるいは単にゲイン行列）と呼ぶ。このとき、状態推定誤差 $e(t)$ は (9.5) 式 (P.161) と (10.3) 式から

$$\dot{e}(t) = \dot{\hat{x}}(t) - \dot{x}(t) = A\{\hat{x}(t) - x(t)\} - HCe(t) = (A - HC)\,e(t) \tag{10.4}$$

となるので、状態推定器のゲイン行列 H でもって $A - HC$ を安定行列にできれば、任意の状態変数の初期値 $x(0)$ に対して $\lim_{t\to\infty}\{\hat{x}(t) - x(t)\} = O_{2\times1}$ を達成することができる。そして、もしゲイン行列 H でもって行列 $A - HC$ の固有値を任意の負の値に設定することができれば、$e(t)$ を速やかに零にすることができる。したがって、前述していた要求「状態変数の初期値が未知であり、行列 A の固有値が必ずしも負の値をもたなくても、すみやかに状態変数が漸近的に得られることが求められる。」が適うこととなる。

10.2 同一次元状態推定器

n 次の制御対象

$$\begin{cases} \dot{x}(t) &= Ax(t) + Bu(t) \\ y(t) &= Cx(t) \end{cases} \tag{10.5}$$

を与える。ただし、$x(t)$ は n 次元状態変数、$u(t)$ は m 次元制御入力、$y(t)$ は l 次元観測出力、$\mathrm{rank}C = l$ そして対 (C, A) は可観測である。本節では状態推定器を使って、$x(t)$ の推定量を得よう。(10.3) 式の状態推定誤差 $e(t)$ に $e(t) = \hat{x}(t) - x(t)$ を代入すれば

$$\begin{cases} \dot{\hat{x}}(t) &= (A - HC)\,\hat{x}(t) + Bu(t) + Hy(t) \\ \hat{y}(t) &= C\hat{x}(t) \end{cases} \tag{10.6}$$

として記述される。ただし、$\hat{x}(t)$ は状態推定器の状態変数であり n 次元のベクトル量である。これは、制御対象の状態変数の推定量の候補であり、ルーエンバーガの状態推定器となっているが、制御対象の状態変数と次元が同一であることから、同一次元状態推定器とも呼ばれる。以後は、この名称を用いることとする。10.1 節でも問題提起したとおり、状態推定器のゲイン行列 H でもって行列 $A-HC$ の固有値を任意に配置することができれば、(10.6) 式は状態推定器として機能することとなる。そのための条件について考えてみよう。

行列 $A-HC$ の固有値は転置行列 $(A-HC)^T = A^T - C^T H^T$ の固有値と等しい。それゆえ、9.2 節の定理 9.1(P.163) を用いれば、行列 $A^T - C^T H^T$ の固有値（すなわち、同一次元状態推定器の極）が任意に配置できるような行列 H^T が存在するための必要十分条件は、対 $\left(A^T, C^T\right)$ が可制御であることとなる。さらに、対 $\left(A^T, C^T\right)$ が可制御であることと、対 (C, A) が可観測であることとは等価である。それゆえ、同一次元状態推定器の極配置可能性について、つぎの定理が成り立つ。

定理 10.1　同一次元状態推定器の極が任意に配置できるゲイン行列 H が存在するための必要十分条件は、対 (C, A) が可観測である。 ■

同一次元状態推定器の設計法について述べよう。基本的には、対 (C, A) が可観測である制御対象に対して、行列 $A-HC$ の固有値が同一次元状態推定器の希望の極をもつようにゲイン行列 H を設計する問題となる。この問題は、9 章 (P.159) で述べた状態フィードバック制御による極配置の方法を用いることで解決される。ただし、状態フィードバック制御による極配置の問題と同一次元状態推定器の極配置の問題とは双対な関係があるので、行列 $A^T - C^T H^T$ の固有値を配置するため、$\mathrm{rank}C = 1$ である場合には 9.3 節「一入力系の極配置」(P.165) で述べた方法を、$\mathrm{rank}C = l(>1)$ である場合には 9.4 節「多入力系の極配置」(P.172) で述べた方法を各々用いればよい。

〔例題 **10.1**〕 水位 $x_3(t)$ のみ測定可能とした 9.3 節の例題 9.1(P.165) の 3 槽の直列水槽系を考える。制御対象は

$$\begin{cases} \dot{x}(t) &= Ax(t) + Bu(t) \\ y(t) &= Cx(t) \end{cases}$$

として記述される。ただし、観測出力 $y(t) = x_3(t)$ であり、状態変数 $x(t)$ および各パラメータ行列は

$$x(t) = \begin{bmatrix} x_1(t) \\ x_2(t) \\ x_3(t) \end{bmatrix},\ A = \begin{bmatrix} -1 & 1 & 0 \\ 1 & -2 & 1 \\ 0 & 1 & -2 \end{bmatrix},\ B = \begin{bmatrix} 1 \\ 1 \\ 1 \end{bmatrix},\ C = \begin{bmatrix} 0 & 0 & 1 \end{bmatrix}$$

である。このとき、水位 $x_i(t)\,(i = 1, 2, 3)$ が推定できる同一次元状態推定器のゲイン行列 H を設計せよ。ただし、同一次元状態推定器の希望の極は $\{-100, -200, -300\}$ とする。

〔解答〕 $\mathrm{rank}C = 1$ であり、可観測性行列 U_o は

$$U_o = \begin{bmatrix} C^T & A^TC^T & {A^T}^2C^T \end{bmatrix}^T = \begin{bmatrix} 0 & 0 & 1 \\ 0 & 1 & -2 \\ 1 & -4 & 5 \end{bmatrix}$$

なので、$\mathrm{rank}U_o = 3$ より対 (C, A) は可観測である。以下の手順（9.3 節の設計手順 (P.165)）に従って、同一次元状態推定器のゲイン行列 H を求めよう。

1. 行列 A の特性多項式は $\det(sI_3 - A) = s^3 + 5s^2 + 6s + 1$ であるので、$a_3 = 5, a_2 = 6, a_1 = 1$ となる。

2. 希望の極 $\{-100, -200, -300\}$ を有する多項式は $s^3 + 600s^2 + 110000s + 6000000$ であるので、$d_3 = 600, d_2 = 110000, d_1 = 6000000$ となる。

3. $h_i = d_i - a_i\,(i = 1, 2, 3)$ は $h_1 = d_1 - a_1 = 5999999, h_2 = d_2 - a_2 = 109994, h_3 = d_3 - a_3 = 595$ となる。

4. 対 $\left(A^T, C^T\right)$ を可制御標準形に変換する座標変換行列 T_c は

$$T_c = U_o^T W = \begin{bmatrix} C^T & A^T C^T & {A^T}^2 C^T \end{bmatrix} \begin{bmatrix} a_2 & a_3 & 1 \\ a_3 & 1 & 0 \\ 1 & 0 & 0 \end{bmatrix} = \begin{bmatrix} 1 & 0 & 0 \\ 1 & 1 & 0 \\ 1 & 3 & 1 \end{bmatrix}$$

となる。

5. 行列 $A - HC$ の固有値が $\{-100, -200, -300\}$ となるようにするための状態推定器のゲイン行列 H は

$$\begin{aligned} H^T &= \begin{bmatrix} h_1 & h_2 & h_3 \end{bmatrix} T_c^{-1} \\ &= \begin{bmatrix} 5999999 & 109994 & 595 \end{bmatrix} \begin{bmatrix} 1 & 0 & 0 \\ -1 & 1 & 0 \\ 2 & -3 & 1 \end{bmatrix} \\ &= \begin{bmatrix} 5891195 & 108209 & 595 \end{bmatrix} \end{aligned}$$

より、$H = \begin{bmatrix} 5891195 & 108209 & 595 \end{bmatrix}^T$ として計算される。

なお、制御対象のパラメータ行列が可観測標準形で記述されている場合には、制御対象と双対なシステムを考えなくても直接状態推定器のゲイン行列を容易に設計することができる。そのことを例題を通じて確認しておこう。

〔例題 **10.2**〕 (10.5) 式で記述される制御対象を考える。ただし、制御対象のパラメータ行列 A, B, C は

$$A = \begin{bmatrix} 0 & 0 & -108 \\ 1 & 0 & -84 \\ 0 & 1 & -17 \end{bmatrix}, \quad B = \begin{bmatrix} 1 \\ 2 \\ 1 \end{bmatrix}, \quad C = \begin{bmatrix} 0 & 0 & 1 \end{bmatrix}$$

である。このとき、状態変数 $x(t)$ が推定できる同一次元状態推定器のゲイン行列 H を設計せよ。ただし、同一次元状態推定器の希望の極は $\{-100, -200, -300\}$ とする。

〔解答〕 行列 A, C は可観測標準形であるので、明らかに対 (C, A) は可観測で

ある。このとき、同一次元状態推定器のゲイン行列 $H = \begin{bmatrix} h_1 & h_2 & h_3 \end{bmatrix}^T$ は、9.3 節「一入力系の極配置」(P.165) で述べた方法と同様に求めることができる。

1. 行列 A の特性多項式は $\det(sI_3 - A) = s^3 + 17s^2 + 84s + 108$ であるので、$a_3 = 17, a_2 = 84, a_1 = 108$ となる。

2. 希望の極 $\{-100, -200, -300\}$ を有する多項式は $s^3 + 600s^2 + 110000s + 6000000$ であるので、$d_3 = 600, d_2 = 110000, d_1 = 6000000$ となる。

3. 行列 $A - HC$ および希望の極を有する行列 D の構造は各々

$$A - HC = \begin{bmatrix} 0 & 0 & -a_1 - h_1 \\ 1 & 0 & -a_2 - h_2 \\ 0 & 1 & -a_3 - h_3 \end{bmatrix}, \quad D = \begin{bmatrix} 0 & 0 & -d_1 \\ 1 & 0 & -d_2 \\ 0 & 1 & -d_3 \end{bmatrix}$$

   である。それゆえ、特性多項式の係数比較が容易にできて、求めるべき $h_i\,(i = 1, 2, 3)$ は $h_1 = d_1 - a_1 = 5999892, h_2 = d_2 - a_2 = 109916, h_3 = d_3 - a_3 = 583$ となる。このように、可観測標準形の場合には座標変換行列の計算が不要になることに注意されたい。

4. 行列 $A - HC$ の固有値が $\{-100, -200, -300\}$ となるようにするための状態推定器のゲイン行列 H は $H = \begin{bmatrix} 5999892 & 109916 & 583 \end{bmatrix}^T$ として計算される。

10.3　最小次元状態推定器

同一次元状態推定器では、観測出力から状態変数の一部を直接測定できる場合においても、その状態変数も含めて状態推定量を得る。そのため、推定器の次元は全状態変数の個数と一致する。しかしながら、直接測定できる状態変数の一部を利用し、残りの状態変数についてのみ推定することで、状態推定器が低次元で実現でき、電子回路で状態推定器を構成する場合には部品点数を削減することができる。このように、全状態変数の数 n から観測出力の数 l を除い

た残りの数 $n-l$ の状態変数を推定する推定器を最小次元状態推定器を呼ぶ。

では、(10.5) 式で記述される制御対象に対して、最小次元状態推定器を構成してみよう。rank$C=l$ を仮定し、最小次元状態推定器の候補である $n-l$ 次のモデルとして

$$\begin{cases} \dot{\omega}(t) &= \hat{A}\omega(t)+\hat{B}u(t)+Gy(t) \\ \hat{x}(t) &= \hat{C}\omega(t)+\hat{D}y(t) \end{cases} \tag{10.7}$$

を与える。$\det\left[C^T \quad F^T\right]^T \neq 0$ を満足するような行列 F により新しい変数 $\varepsilon(t)=\omega(t)-Fx(t)$ を定義する。このとき、(10.5) 式と (10.7) 式より

$$\begin{aligned} \dot{\varepsilon}(t) &= \dot{\omega}(t)-F\dot{x}(t) \\ &= \hat{A}\omega(t)+\hat{B}u(t)+Gy(t)-F\left\{Ax(t)+Bu(t)\right\} \\ &= \hat{A}\omega(t)+\left(\hat{B}-FB\right)u(t)-(FA-GC)\,x(t) \end{aligned} \tag{10.8}$$

である。いま、制御対象のパラメータ行列とモデルのパラメータ行列との関係として

$$\hat{B} = FB \tag{10.9}$$

$$\hat{A}F = FA-GC \tag{10.10}$$

が満足されていれば (10.8) 式は

$$\dot{\varepsilon}(t)=\hat{A}\left\{\omega(t)-Fx(t)\right\}=\hat{A}\varepsilon(t) \tag{10.11}$$

となる。(10.11) 式の解は

$$\omega(t)-Fx(t)=e^{\hat{A}t}\left\{\omega(0)-Fx(0)\right\} \tag{10.12}$$

となる。それゆえ、$\hat{A}$ が安定行列であれば、すべての初期値 $x(0)$ に対して $\lim_{t\to\infty}\left\{\omega(t)-Fx(t)\right\}=O_{(n-l)\times 1}$ となるので、$\omega(t)$ は $Fx(t)$ の漸近的な推定量を与えることがわかる。この結果を利用して、状態変数 $x(t)$ の推定量が

(10.7) 式の $\hat{x}(t)$ で表されることを示そう。(10.5) 式の観測出力 $y(t) = Cx(t)$ と (10.12) 式より

$$\begin{bmatrix} C \\ F \end{bmatrix} x(t) = \begin{bmatrix} y(t) \\ \omega(t) \end{bmatrix} - \begin{bmatrix} O_{l\times 1} \\ e^{\hat{A}t}\left\{\omega(0) - Fx(0)\right\} \end{bmatrix} \tag{10.13}$$

である。$\det\begin{bmatrix} C^T & F^T \end{bmatrix}^T \neq 0$ であるので (10.13) 式より

$$x(t) = \begin{bmatrix} C \\ F \end{bmatrix}^{-1} \left\{ \begin{bmatrix} y(t) \\ \omega(t) \end{bmatrix} - \begin{bmatrix} O_{l\times 1} \\ e^{\hat{A}t}\left\{\omega(0) - Fx(0)\right\} \end{bmatrix} \right\} \tag{10.14}$$

である。ここで、(10.14) 式から状態変数 $x(t)$ が得られるように思われるが、状態変数が測定できないため一般には初期値 $x(0)$ を得ることは困難である。そこで、初期値の影響を消去しよう。(10.14) 式右辺の極限を考えると、$\hat{A}$ が安定行列であれば

$$\begin{aligned} &\lim_{t\to\infty} \begin{bmatrix} C \\ F \end{bmatrix}^{-1} \left\{ \begin{bmatrix} y(t) \\ \omega(t) \end{bmatrix} - \begin{bmatrix} O_{l\times 1} \\ e^{\hat{A}t}\left\{\omega(0) - Fx(0)\right\} \end{bmatrix} \right\} \\ &= \lim_{t\to\infty} \begin{bmatrix} C \\ F \end{bmatrix}^{-1} \begin{bmatrix} y(t) \\ \omega(t) \end{bmatrix} \end{aligned} \tag{10.15}$$

である。このとき、(10.12) 式より

$$\begin{aligned} &\lim_{t\to\infty} \left\{ x(t) - \begin{bmatrix} C \\ F \end{bmatrix}^{-1} \begin{bmatrix} y(t) \\ \omega(t) \end{bmatrix} \right\} \\ &= \lim_{t\to\infty} \begin{bmatrix} C \\ F \end{bmatrix}^{-1} \left\{ \begin{bmatrix} C \\ F \end{bmatrix} x(t) - \begin{bmatrix} y(t) \\ \omega(t) \end{bmatrix} \right\} \\ &= \lim_{t\to\infty} \begin{bmatrix} C \\ F \end{bmatrix}^{-1} \begin{bmatrix} O_{l\times 1} \\ Fx(t) - \omega(t) \end{bmatrix} = O_{n\times 1} \end{aligned} \tag{10.16}$$

なので、状態推定量 $\hat{x}(t)$ は

$$\hat{x}(t) = \begin{bmatrix} C \\ F \end{bmatrix}^{-1} \begin{bmatrix} y(t) \\ \omega(t) \end{bmatrix} \tag{10.17}$$

となる。ここで

$$\hat{C}F + \hat{D}C = I_n \tag{10.18}$$

とすれば $\begin{bmatrix} C^T & F^T \end{bmatrix}^T \begin{bmatrix} \hat{D} & \hat{C} \end{bmatrix} = I_n$ なので、(10.17) 式の $\hat{x}(t)$ は (10.7) 式の $\hat{x}(t)$ と一致する。それゆえ、(10.9) 式、(10.10) 式、(10.18) 式と $\hat{A}$ が安定行列であることを満足するような (10.7) 式のパラメータ行列 $\hat{A}, \hat{B}, \hat{C}, \hat{D}, G$ と行列 F が設計できれば、(10.7) 式は (10.5) 式の制御対象に対する最小次元状態推定器となる。$\hat{A}$ が安定行列であることを含めて、(10.9) 式、(10.10) 式、(10.18) 式を最小次元状態推定器の構成条件と呼ぶ。すなわち、これら構成条件を満足するようにパラメータ行列を設計すれば、最小次元状態推定器が設計されることとなる。その設計法について述べよう。

最小次元状態推定器の設計アルゴリズムとして、ゴピナスの方法[11)]が知られている。この方法では、制御対象のパラメータ行列 C が $\begin{bmatrix} I_l & O_{l\times(n-l)} \end{bmatrix}$ となるような座標変換を施し、この座標変換後の制御対象のパラメータ行列に対して設計がなされる。詳細については別の成書に譲るとして、本書では座標変換を行なわない方法を取り上げよう。

いま、対 (C, A) は可観測とする。(10.7) 式のパラメータ行列 G を

$$G = FH \tag{10.19}$$

とおいて (10.10) 式に代入すると

$$F(A - HC) = \hat{A}F \tag{10.20}$$

となる。それゆえ、$\hat{A}$ は行列 $A - HC$ の固有値の一部を固有値としてもつ $n-l$ 次対角行列（行列 $A - HC$ が単純ではなく重複固有値を考える場合にはジョル

ダン標準形)、F はその固有値に対する左固有ベクトルを（ジョルダン標準形の場合には一般化固有ベクトルも含めて）$n-l$ 個並べた行列とすれば、構成条件の一つ (10.10) 式を満足する。なお、対 (C,A) は可観測なので

1. 行列 $A-HC$ の固有値を任意に配置することができるゲイン行列 H は存在し、

2. $\det\begin{bmatrix} C^T & F^T \end{bmatrix}^T \neq 0$ を満足する (10.20) 式の左固有ベクトルを $n-l$ 個並べた行列 F は存在する

ことが知られており[18]、与えられた任意の固有値を有する $n-l$ 次対角行列（パラメータ行列）$\hat{A}$ に対して、(10.20) 式を満足するゲイン行列 H および行列 F は存在する。固有方程式 (10.20) 式を解いて得られた行列 F を (10.9) 式に代入してパラメータ行列 $\hat{B}$ が得られ、(10.18) 式に代入して

$$\begin{bmatrix} \hat{D} & \hat{C} \end{bmatrix} = \begin{bmatrix} C^T & F^T \end{bmatrix}^{-T} \tag{10.21}$$

よりパラメータ行列 $\hat{C},\hat{D}$ が得られ、そして (10.19) 式に代入してパラメータ行列 G が得られる。以上より、最小次元状態推定器の設計手順をまとめておこう。

〔設計手順〕

1. 希望の最小次元状態推定器の極を有する $n-l$ 次対角行列（行列 $A-HC$ が単純ではなく重複固有値を考える場合にはジョルダン標準形）$\hat{A}$ を与える。

2. 行列 $A-HC$ の固有値のうち $n-l$ 個の固有値がパラメータ行列 $\hat{A}$ の希望の固有値になるようにゲイン行列 H を設計する。

3. 固有方程式 (10.20) 式を解いて行列 F を求める。

4. (10.9) 式、(10.21) 式、(10.19) 式より、パラメータ行列 $\hat{B},\hat{C},\hat{D},G$ を求める。

〔例題 **10.3**〕 例題 10.1 の状態推定器の設計問題を最小次元状態推定器で解決せよ。ただし、最小次元状態推定器の希望の極は $\{-100, -200\}$ とする。

〔解答〕再度、前提条件を確認しておこう。$\mathrm{rank}C = 1$ であり、可観測性行列 U_o は

$$U_o = \begin{bmatrix} C^T & A^T C^T & {A^T}^2 C^T \end{bmatrix}^T = \begin{bmatrix} 0 & 0 & 1 \\ 0 & 1 & -2 \\ 1 & -4 & 5 \end{bmatrix}$$

なので、$\mathrm{rank}U_o = 3$ より対 (C, A) は可観測である。設計手順に従って、最小次元状態推定器のパラメータ行列 $\hat{A}$, $\hat{B}$, $\hat{C}$, $\hat{D}$, G を求めよう。

1. $n - l = 3 - 1 = 2$ より希望の極を固有値としてもつパラメータ行列 $\hat{A}$ を

$$\hat{A} = \begin{bmatrix} -100 & 0 \\ 0 & -200 \end{bmatrix}$$

として与える。

2. 行列 $A - HC$ の固有値が $\{-100, -200, -\alpha\}$ となるゲイン行列 H を例題 10.1 の結果を用いて求めてみよう。$a_3 = 5, a_2 = 6, a_1 = 1$ および $d_3 = 300 + \alpha, d_2 = 300\alpha + 20000, d_1 = 20000\alpha$ であるので $h_i = d_i - \alpha_i \, (i = 1, 2, 3)$ は

$$h_1 = 20000\alpha - 1,\ h_2 = 300\alpha + 19994,\ h_3 = \alpha + 295$$

である。それゆえ、ゲイン行列 H は

$$\begin{aligned} H^T &= \begin{bmatrix} h_1 & h_2 & h_3 \end{bmatrix} T_c^{-1} \\ &= \begin{bmatrix} 20000\alpha - 1 & 300\alpha + 19994 & \alpha + 295 \end{bmatrix} \begin{bmatrix} 1 & 0 & 0 \\ -1 & 1 & 0 \\ 2 & -3 & 1 \end{bmatrix} \end{aligned}$$

$$= \begin{bmatrix} 19702\alpha - 19405 & 297\alpha + 19109 & \alpha + 295 \end{bmatrix}$$

より、$H = \begin{bmatrix} 19702\alpha - 19405 & 297\alpha + 19109 & \alpha + 295 \end{bmatrix}^T$ として計算される。このとき、行列 $A - HC$ は

$$A - HC = \begin{bmatrix} -1 & 1 & -19702\alpha + 19405 \\ 1 & -2 & -297\alpha - 19108 \\ 0 & 1 & -\alpha - 297 \end{bmatrix}$$

となる。

3. 行列 F の要素を $f_{ij}\,(i = 1, 2,\ j = 1, 2, 3)$ とすると固有方程式 (10.20) 式は

$$F(A - HC) - \hat{A}F = \begin{bmatrix} f_{11} & f_{12} & f_{13} \\ f_{21} & f_{22} & f_{23} \end{bmatrix}$$

$$\times \begin{bmatrix} -1 & 1 & -19702\alpha + 19405 \\ 1 & -2 & -297\alpha - 19108 \\ 0 & 1 & -\alpha - 297 \end{bmatrix} - \begin{bmatrix} -100 & 0 \\ 0 & -200 \end{bmatrix} \begin{bmatrix} f_{11} & f_{12} & f_{13} \\ f_{21} & f_{22} & f_{23} \end{bmatrix}$$

$$= \begin{bmatrix} 99f_{11} + f_{12} & f_{11} + 98f_{12} + f_{13} & g(f_{11}, f_{12}, f_{13}) \\ 199f_{21} + f_{22} & f_{21} + 198f_{22} + f_{23} & g(f_{21}, f_{22}, f_{23}) \end{bmatrix} = O_{2\times 3}$$

である。ただし

$$\begin{aligned} g(f_{11}, f_{12}, f_{13}) &= (-19702\alpha + 19405)\,f_{11} - (297\alpha + 19108)\,f_{12} \\ &\quad - (\alpha + 197)\,f_{13} \\ g(f_{21}, f_{22}, f_{23}) &= (-19702\alpha + 19405)\,f_{21} - (297\alpha + 19108)\,f_{22} \\ &\quad - (\alpha + 97)\,f_{23} \end{aligned}$$

である。$f_{i1}(i = 1, 2)$ はともに零ではない任意のパラメータとして第 1 列目と第 2 列目を満足する $f_{i2}, f_{i3}(i = 1, 2)$ を求めると

$$f_{12} = -99f_{11}, \quad f_{13} = -f_{11} - 98f_{12} = 9701f_{11},$$
$$f_{22} = -199f_{21}, \quad f_{23} = -f_{21} - 198f_{22} = 39401f_{21}$$

となる。この結果を $g\,(f_{i1}, f_{i2}, f_{i3})\,(i = 1, 2)$ に代入すれば

$$\begin{aligned} g\,(f_{11}, f_{12}, f_{13}) &= \{(-19702 + 297 \times 99 - 9701)\,\alpha + 19405 \\ &\quad +19108 \times 99 - 197 \times 9701\}\,f_{11} = 0 \\ g\,(f_{21}, f_{22}, f_{23}) &= \{(-19702 + 297 \times 199 - 39401)\,\alpha + 19405 \\ &\quad +19108 \times 199 - 97 \times 39401\}\,f_{21} = 0 \end{aligned}$$

となるので、固有方程式を満足する行列 F は

$$F = \begin{bmatrix} f_{11} & 0 \\ 0 & f_{21} \end{bmatrix} \begin{bmatrix} 1 & -99 & 9701 \\ 1 & -199 & 39401 \end{bmatrix}$$

となる。このとき

$$\mathrm{rank} \begin{bmatrix} C \\ F \end{bmatrix} = \begin{bmatrix} 0 & 0 & 1 \\ f_{11} & -99f_{11} & 9701f_{11} \\ f_{21} & -199f_{21} & 39401f_{21} \end{bmatrix} = 3(= n)$$

を満足している。

4. (10.9) 式、(10.21) 式、(10.19) 式より、パラメータ行列 $\hat{B}, \hat{C}, \hat{D}, G$ を求めると

$$\hat{B} = FB = \begin{bmatrix} f_{11} & 0 \\ 0 & f_{21} \end{bmatrix} \begin{bmatrix} 1 & -99 & 9701 \\ 1 & -199 & 39401 \end{bmatrix} \begin{bmatrix} 1 \\ 1 \\ 1 \end{bmatrix} = \begin{bmatrix} 9603f_{11} \\ 39203f_{21} \end{bmatrix}$$

$$\begin{bmatrix} \hat{D} & \hat{C} \end{bmatrix} = \begin{bmatrix} C \\ F \end{bmatrix}^{-1} = \left[\begin{array}{c|cc} 19702 & \frac{199}{100f_{11}} & -\frac{99}{100f_{21}} \\ 297 & \frac{1}{100f_{11}} & -\frac{1}{100f_{21}} \\ 1 & 0 & 0 \end{array}\right]$$

$$G = FH = \begin{bmatrix} f_{11} & 0 \\ 0 & f_{21} \end{bmatrix} \begin{bmatrix} 1 & -99 & 9701 \\ 1 & -199 & 39401 \end{bmatrix} \begin{bmatrix} 19702\alpha - 19405 \\ 297\alpha + 19109 \\ \alpha + 295 \end{bmatrix}$$
$$= \begin{bmatrix} 950599 f_{11} \\ 7801199 f_{21} \end{bmatrix}$$

として得られる。なお、得られた最小次元状態推定器のパラメータ行列の要素には行列 $A - HC$ の固有値 $-\alpha$ が含まれていないことに注意されたい。

10.4　同一次元状態推定器と最小次元状態推定器との関係

10.2 節および 10.3 節の結果より、同一次元状態推定器の極は行列 $A - HC$ の固有値として、最小次元状態推定器の極は行列 $A - HC$ の $n - l$ 個の固有値として、各々配置するよう設計する。極はともに行列 $A - HC$ の固有値であることから、両者の間には構造的な関連があることが予想される。本節では、そのことを明らかにしよう。

いま、つぎの状態方程式で記述される同一次元状態推定器の候補を考える。

$$\begin{cases} \dot{x}_f(t) = (A - HC)\,x_f(t) + Bu(t) + Hy(t) \\ y_f(t) = Cx_f(t) \end{cases} \tag{10.22}$$

同一次元状態推定器は制御対象と同じ次元を有するものであり、観測出力 $y(t)$ として直接得られる量までも推定して状態推定量を得ている。(10.5) 式から $y(t)$ は $x(t)$ の線形結合 $Cx(t)$ により得られる事実から、$y(t)$ はそのまま利用してそれ以外の何らかの量（$\omega(t)$）も使って $x(t)$ を推定することが考え出された。これが 10.3 節で議論した最小次元状態推定器であり、その次数は状態変数の数から観測出力の数を引いた数となる。この事実を手がかりに $\omega(t) = Fx_f(t)$ とし、行列 $A - HC$ に対して行列 $\begin{bmatrix} C^T & F^T \end{bmatrix}^T$ による座標変換を施すと、最小次元状態推定器の構成条件が成り立つものとして

$$\begin{bmatrix} C \\ F \end{bmatrix} (A - HC) \begin{bmatrix} \hat{D} & \hat{C} \end{bmatrix} = \begin{bmatrix} CA\hat{D} - CH & CA\hat{C} \\ FA\hat{D} - FH & FA\hat{C} \end{bmatrix} \tag{10.23}$$

より

$$FA\hat{D} - FH = \left(\hat{A}F + GC\right)\hat{D} - G = O_{(n-l)\times l} \tag{10.24}$$

$$FA\hat{C} = \left(\hat{A}F + GC\right)\hat{C} = \hat{A} \tag{10.25}$$

となるので、(10.23) 式に (10.24) 式および (10.25) 式を代入し $\Lambda = CA\hat{D} - CH$ とすれば

$$\begin{bmatrix} C \\ F \end{bmatrix} (A - HC) \begin{bmatrix} \hat{D} & \hat{C} \end{bmatrix} = \begin{bmatrix} \Lambda & CA\hat{C} \\ O_{(n-l)\times l} & \hat{A} \end{bmatrix} \tag{10.26}$$

となる。(10.20) 式では行列 $\hat{A}$ の固有値を決定していたが、この結果から実は行列 $A - HC$ の残り l 個の固有値は行列 Λ の固有値になっていたのである。それでは、この行列 Λ の正体は何だろうか。そのことを確認してみよう。

(10.22) 式の状態方程式に対し両辺左から $\begin{bmatrix} C^T & F^T \end{bmatrix}^T$ を掛けると

$$\begin{bmatrix} \dot{y}_f(t) \\ \dot{\omega}(t) \end{bmatrix} = \begin{bmatrix} \Lambda & CA\hat{C} \\ O_{(n-l)\times l} & \hat{A} \end{bmatrix} \begin{bmatrix} y_f(t) \\ \omega(t) \end{bmatrix} + \begin{bmatrix} CB \\ \hat{B} \end{bmatrix} u(t) + \begin{bmatrix} CH \\ G \end{bmatrix} y(t) \tag{10.27}$$

となる。(10.27) 式には (10.7) 式で与えられた最小次元状態推定器の状態方程式（$\omega(t)$ の微分方程式）が含まれていることが確認できる。一方、(10.27) 式の $y_f(t)$ の微分方程式を使って

$$\begin{aligned}
&\dot{y}(t) - \dot{y}_f(t) \\
&= C\dot{x}(t) - CA\hat{C}\omega(t) - CBu(t) - \Lambda y_f(t) - CHy(t) \\
&= C\{Ax(t) + Bu(t)\} - CA\hat{C}\omega(t) - CBu(t) - \Lambda y_f(t) + \left(\Lambda - CA\hat{D}\right) y(t) \\
&= \Lambda\{y(t) - y_f(t)\} + CA\hat{C}\{Fx(t) - \omega(t)\} \\
&= \Lambda\{y(t) - y_f(t)\} - CA\hat{C}\varepsilon(t)
\end{aligned} \tag{10.28}$$

となる。(10.11) 式と連立させて

$$\begin{bmatrix} \dot{y}(t) - \dot{y}_f(t) \\ \dot{\varepsilon}(t) \end{bmatrix} = \begin{bmatrix} \Lambda & -CA\hat{C} \\ O_{(n-l)\times l} & \hat{A} \end{bmatrix} \begin{bmatrix} y(t) - y_f(t) \\ \varepsilon(t) \end{bmatrix} \tag{10.29}$$

であるので、Λ および $\hat{A}$ がともに安定行列であれば、状態推定と観測出力推定が達成される。このように、同一次元状態推定器は、最小次元状態推定器と観測出力推定器から構成されており、行列 $A - HC$ の固有値が各々の推定器の極となる。つまり、行列 Λ の正体は観測出力推定器のシステム行列なのである。

10.5 分離定理と併合系

前節までで状態変数の推定量を得る方法について述べた。本節では、いよいよ状態推定量を用いて状態フィードバック制御を行なうことを考えよう。

10.5.1 同一次元状態推定器を併合した場合

図 10.2 に示すように、制御対象に同一次元状態推定器を併合し、状態推定量 $\hat{x}(t)$ を用いて状態フィードバック制御

$$u(t) = -K\hat{x}(t) \tag{10.30}$$

を施したときの閉ループ系を考える。このとき、閉ループ系の状態方程式は

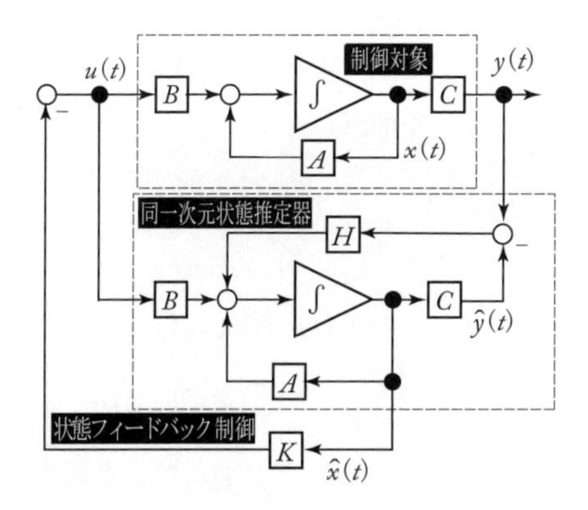

図 **10.2** 同一次元状態推定器との併合系の構成

(10.5) 式、(10.6) 式、(10.30) 式より

$$\begin{bmatrix} \dot{x}(t) \\ \dot{\hat{x}}(t) \end{bmatrix} = \begin{bmatrix} A & -BK \\ HC & A-BK-HC \end{bmatrix} \begin{bmatrix} x(t) \\ \hat{x}(t) \end{bmatrix} \tag{10.31}$$

となる。一見すると、(10.31) 式は同一次元状態推定器と状態フィードバック制御とが結合して、閉ループ系が安定であるか否か判別が付きにくいだけでなく、レギュレータの極や同一次元状態推定器の極と閉ループ系の極との関係も不明であるように思われる。しかしながら、(10.31) 式に対して

$$\begin{bmatrix} x(t) \\ e(t) \end{bmatrix} = \begin{bmatrix} I_n & O_{n\times n} \\ -I_n & I_n \end{bmatrix} \begin{bmatrix} x(t) \\ \hat{x}(t) \end{bmatrix}$$

なる座標変換を施すと

$$\begin{aligned} \begin{bmatrix} \dot{x}(t) \\ \dot{e}(t) \end{bmatrix} &= \begin{bmatrix} I_n & O_{n\times n} \\ -I_n & I_n \end{bmatrix} \begin{bmatrix} A & -BK \\ HC & A-BK-HC \end{bmatrix} \begin{bmatrix} I_n & O_{n\times n} \\ I_n & I_n \end{bmatrix} \begin{bmatrix} x(t) \\ e(t) \end{bmatrix} \\ &= \begin{bmatrix} A-BK & -BK \\ O_{n\times n} & A-HC \end{bmatrix} \begin{bmatrix} x(t) \\ e(t) \end{bmatrix} \end{aligned} \tag{10.32}$$

となる。このことは、$A-BK$ および $A-HC$ がともに安定行列ならば安定化と状態推定が達成される。すなわち、同一次元状態推定器の併合のもとで状態フィードバック制御による閉ループ系の安定化が達成されることを意味する。それゆえ、閉ループ系の特性多項式は

$$\begin{aligned} &\det \begin{bmatrix} sI_n - A & BK \\ -HC & sI_n - A + BK + HC \end{bmatrix} \\ &= \det(sI_n - A + BK)\det(sI_n - A + HC) \end{aligned} \tag{10.33}$$

となるので、閉ループ系の極はレギュレータの極と同一次元状態推定器の極から成り立っていることがわかる。これまで学んだことも含めて、定理としてまとめておこう。

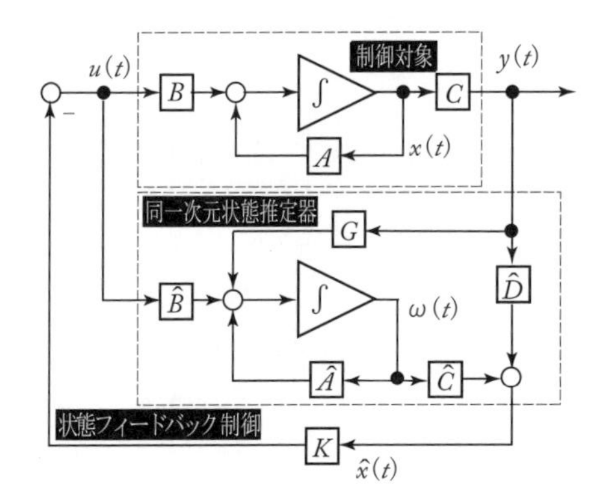

図 **10.3** 最小次元状態推定器との併合系の構成

定理 10.2 同一次元状態推定器を併合した閉ループ系の極は、レギュレータの極と同一次元状態推定器の極から成り立っており、制御対象が可制御かつ可観測であるならば、それらの極はすべて独立かつ任意に配置することができる。■

この定理を分離定理と呼ぶ。

10.5.2 最小次元状態推定器を併合した場合

図 10.3 に示すように、制御対象に最小次元状態推定器を併合し、状態推定量 $\hat{x}(t)$ を用いて (10.30) 式と同じ状態フィードバック制御を施したときの閉ループ系を考える。このとき、閉ループ系の状態方程式は (10.5) 式、(10.7) 式、(10.30) 式より

$$\begin{bmatrix} \dot{x}(t) \\ \dot{\omega}(t) \end{bmatrix} = \begin{bmatrix} A - BK\hat{D}C & -BK\hat{C} \\ \left(G - \hat{B}K\hat{D}\right)C & \hat{A} - \hat{B}K\hat{C} \end{bmatrix} \begin{bmatrix} x(t) \\ \omega(t) \end{bmatrix} \tag{10.34}$$

となる。(10.34) 式は、閉ループ系が安定であるか否かの判別が付きにくいだけでなく、レギュレータの極や最小次元状態推定器の極と閉ループ極との関係も不明である。そこで、10.5.1 節の議論と同様、(10.34) 式に対して

$$\begin{bmatrix} x(t) \\ \varepsilon(t) \end{bmatrix} = \begin{bmatrix} I_n & O_{n\times(n-l)} \\ -F & I_{n-l} \end{bmatrix} \begin{bmatrix} x(t) \\ \omega(t) \end{bmatrix}$$

なる座標変換を施すと

$$
\begin{aligned}
\begin{bmatrix} \dot{x}(t) \\ \dot{\varepsilon}(t) \end{bmatrix} &= \begin{bmatrix} I_n & O_{n\times(n-l)} \\ -F & I_{n-l} \end{bmatrix} \begin{bmatrix} A - BK\hat{D}C & -BK\hat{C} \\ \left(G - \hat{B}K\hat{D}\right)C & \hat{A} - \hat{B}K\hat{C} \end{bmatrix} \\
&\quad \times \begin{bmatrix} I_n & O_{n\times(n-l)} \\ F & I_{n-l} \end{bmatrix} \begin{bmatrix} x(t) \\ \varepsilon(t) \end{bmatrix} \\
&= \begin{bmatrix} A - BK & -BK\hat{C} \\ O_{(n-l)\times n} & \hat{A} \end{bmatrix} \begin{bmatrix} x(t) \\ \varepsilon(t) \end{bmatrix} \qquad (10.35)
\end{aligned}
$$

となる。このことは、$A - BK$ および $\hat{A}$ がともに安定行列ならば安定化と状態推定が達成される。すなわち、最小次元状態推定器の併合のもとで状態フィードバック制御による閉ループ系の安定化が達成されることを意味する。それゆえ、閉ループ系の特性多項式は

$$
\begin{aligned}
&\det \begin{bmatrix} sI_n - A + BK\hat{D}C & BK\hat{C} \\ \left(\hat{B}K\hat{D} - G\right)C & sI_{n-l} - \hat{A} + \hat{B}K\hat{C} \end{bmatrix} \\
&= \det\left(sI_n - A + BK\right)\det\left(sI_n - \hat{A}\right) \qquad (10.36)
\end{aligned}
$$

となるので、閉ループ系の極はレギュレータの極と最小次元状態推定器の極から成り立っていることがわかる。これまで学んだことも含めて、最小次元状態推定器との併合系に対する分離定理をまとめておこう。

定理 10.3 最小次元状態推定器を併合した閉ループ系の極は、レギュレータの極と最小次元状態推定器の極から成り立っており、制御対象が可制御かつ可観測であるならば、それらの極はすべて独立かつ任意に配置することができる。■

状態推定器を用いて状態フィードバック制御を実現する目的から鑑みると、(10.32) 式および (10.35) 式の第 1 行目の式からわかるように、まずは状態推定が達成されてからレギュレータが実現されることとなる。それゆえ、図 10.4 に示すように、一般には状態推定器の極はレギュレータの極よりも複素平面上のより左側に設定される。

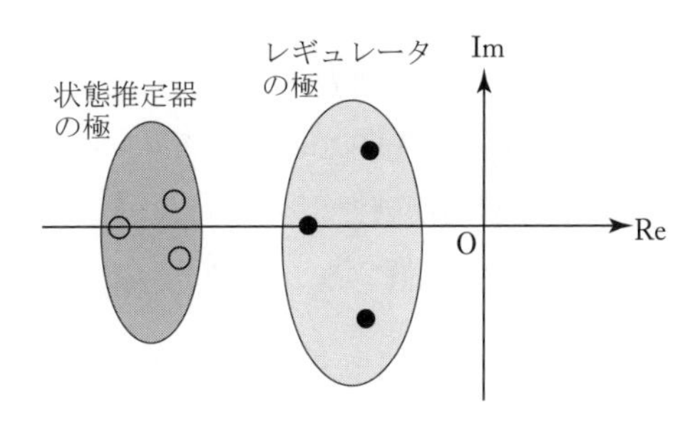

図 **10.4**　レギュレータと状態推定器の複素平面上での極配置

〔例題 **10.4**〕図 9.1(P.159) に示すような制御対象を考える。ただし、観測出力は変位 $r(t)$ のみし、質量 $m=1$、粘性摩擦係数 $\mu=3$、ばね定数 $k=2$ とする。このとき、適当な状態推定器を併合した状態フィードバック制御を施したい。ただし、レギュレータの極は制御対象の極の 10 倍、状態推定器の極はレギュレータの極の 3 倍以上とする。以下の小問に答えよ。

1. 制御対象の可制御性、可観測性を確認せよ。

2. 同一次元状態推定器による併合系を構成して、状態フィードバック制御則を求めよ。

3. 最小次元状態推定器による併合系を構成して、状態フィードバック制御則を求めよ。

〔解答〕

1. 制御対象のパラメータ行列 A, B, C は

$$A=\begin{bmatrix}0 & 1\\ -\frac{k}{m} & -\frac{\mu}{m}\end{bmatrix}=\begin{bmatrix}0 & 1\\ -2 & -3\end{bmatrix},\ B=\begin{bmatrix}0\\ \frac{1}{m}\end{bmatrix}=\begin{bmatrix}0\\ 1\end{bmatrix},\ C=\begin{bmatrix}1 & 0\end{bmatrix}$$

であり、行列 A の特性方程式は

$$\det\left(sI_2-A\right)=s^2+3s+2=\left(s+1\right)\left(s+2\right)=0$$

となるので $a_2 = 3, a_1 = 2$ である。この方程式の解、すなわち制御対象の極は $-1, -2$ である。可観測性行列 $U_o = \begin{bmatrix} C^T & A^T C^T \end{bmatrix}^T = I_2$ なので、$\mathrm{rank} U_o = 2$ より対 (C, A) は可観測である。また、行列 A, B は可制御標準形であるので対 (A, B) は可制御である。それゆえ、状態推定器の極およびレギュレータの極を任意に配置することができる。

2. 題意より、同一次元状態推定器の希望の極は、制御対象の極の 30 倍以上とするので $-30, -60$ とすると、これらの極を解にもつ多項式は $s^2 + 90s + 1800$ であるので、$d_2 = 90, d_1 = 1800$ となる。また、$h_2 = d_2 - a_2 = 90 - 3 = 87$, $h_1 = d_1 - a_1 = 1800 - 2 = 1798$ であり、行列 A^T, C^T を可制御標準形に変換する座標変換行列 T_c は

$$T_c = U_o^T W = \begin{bmatrix} a_2 & 1 \\ 1 & 0 \end{bmatrix} = \begin{bmatrix} 3 & 1 \\ 1 & 0 \end{bmatrix}$$

であるので、同一次元状態推定器のゲイン行列 H は

$$H = T_c^{-T} \begin{bmatrix} h_1 & h_2 \end{bmatrix}^T = \begin{bmatrix} 0 & 1 \\ 1 & -3 \end{bmatrix} \begin{bmatrix} 1798 \\ 87 \end{bmatrix} = \begin{bmatrix} 87 \\ 1537 \end{bmatrix}$$

として得られる。このとき、特性方程式 $\det(sI_2 - A + HC) = 0$ の解は $s = -30, -60$ なので、状態変数 $x_1(t) = r(t), x_2(t) = \dot{r}(t)$ の推定量 $\hat{x}_i(t)\,(i = 1, 2)$ は $\lim_{t \to \infty} \{\hat{x}_i(t) - x_i(t)\} = 0\,(i = 1, 2)$ を満足する。状態変数の推定誤差 $e(t) = \hat{x}(t) - x(t)$ の時間応答を図示すると図 10.5(a) となる。ただし、状態変数の初期値 $x(0) = \begin{bmatrix} 0.1 & 0.1 \end{bmatrix}^T$、同一次元状態推定器の初期値 $\hat{x}(0) = O_{2\times1}$ とする。時間の経過とともに状態推定量 $\hat{x}(t)$ が状態変数 $x(t)$ に漸近的に近づく様子が確認できる。ちなみに、同一次元状態推定器の極を制御対象の極の 5 倍にしたときの状態変数の推定誤差 $e(t)$ の時間応答を図示すると図 10.5(b) となる。図 10.5(a) と比較して状態推定量が状態変数に漸近的に近づくまでに時間を要することが確認できる。

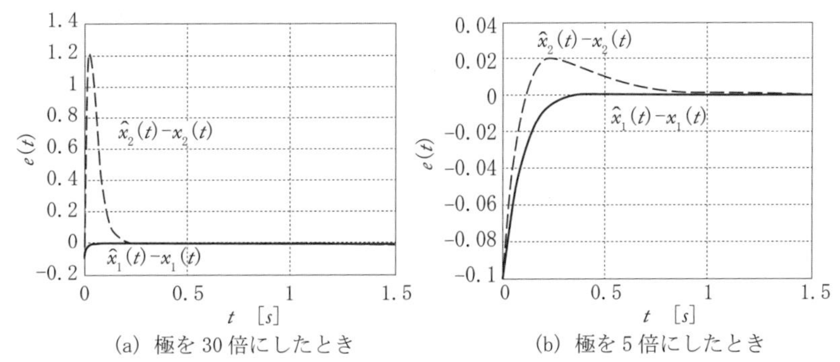

(a) 極を 30 倍にしたとき　　(b) 極を 5 倍にしたとき

図 10.5　同一次元状態推定器の極の違いによる状態推定誤差の時間応答の比較

つぎに状態フィードバック制御則 $u(t)$ を設計しよう。題意より、レギュレータの希望の極は、制御対象の極の 10 倍なので $-10, -20$ となる。これらの極を解にもつ多項式は $s^2+30s+200$ であるので、$f_2=30, f_1=200$ とすると $k_2=f_2-a_2=30-3=27,\ k_1=f_1-a_1=200-2=198$ であり、行列 A, B は可制御標準形なので、フィードバックゲイン行列 K は

$$K=\begin{bmatrix}k_1 & k_2\end{bmatrix}=\begin{bmatrix}198 & 27\end{bmatrix}$$

として得られる。このとき、特性方程式 $\det(sI_2-A+BK)=0$ の解は $s=-10,-20$ であるので、求めるべき状態フィードバック制御則 $u(t)$ は

$$u(t)=-K\begin{bmatrix}\hat{x}_1(t) & \hat{x}_2(t)\end{bmatrix}^T=-198\hat{x}_1(t)-27\hat{x}_2(t)$$

となる。

3. $n-l=2-1=1$ であるので、希望の極は制御対象の極の 30 倍以上として -60 とすると、パラメータ行列 $\hat{A}=-60$ となる。同一次元状態推定器の設計において得られた行列 $A-HC$ を用いて、固有方程式を満足する行列 F を求めると

$$\begin{aligned}&F(A-HC)-\hat{A}F\\&=\begin{bmatrix}f_{11} & f_{12}\end{bmatrix}\begin{bmatrix}-87 & 1\\-1539 & -3\end{bmatrix}+60\begin{bmatrix}f_{11} & f_{12}\end{bmatrix}\end{aligned}$$

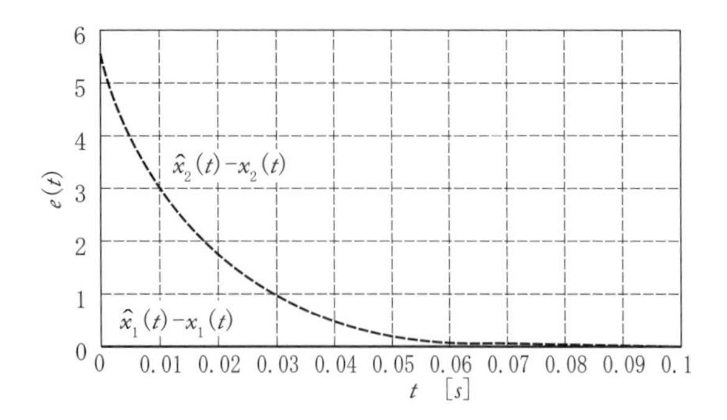

図 10.6 最小次元状態推定器による状態推定誤差の時間応答

$$= (f_{11} + 57f_{12}) \begin{bmatrix} -27 & 1 \end{bmatrix} = O_{1\times 2}$$

より、その一つの解は $F = \begin{bmatrix} -57 & 1 \end{bmatrix}$ である。このとき、rank $\begin{bmatrix} C^T & F^T \end{bmatrix}^T = 2$ を満足している。それゆえ、パラメータ行列 $\hat{B}, \hat{C}, \hat{D}, G$ は各々

$$\hat{B} = FB = 1, \begin{bmatrix} \hat{D} & \hat{C} \end{bmatrix} = \begin{bmatrix} C \\ F \end{bmatrix}^{-1} = \left[\begin{array}{c|c} 1 & 0 \\ 57 & 1 \end{array}\right], G = FH = -3422$$

として得られ、これらのパラメータ行列は明らかに最小次元状態推定器の構成条件を満足する。状態推定量は (10.17) 式より

$$\hat{x}(t) = \begin{bmatrix} \hat{x}_1(t) \\ \hat{x}_2(t) \end{bmatrix} = \begin{bmatrix} 1 & 0 \\ 57 & 1 \end{bmatrix} \begin{bmatrix} x_1(t) \\ \omega(t) \end{bmatrix} = \begin{bmatrix} x_1(t) \\ 57x_1(t) + \omega(t) \end{bmatrix}$$

そして $\hat{A} < 0$ より

$$\begin{aligned} &\lim_{t\to\infty} \{Fx(t) - \omega(t)\} \\ &\quad = \lim_{t\to\infty} [-\{57x_1(t) + \omega(t)\} + x_2(t)] = \lim_{t\to\infty} \{-\hat{x}_2(t) + x_2(t)\} = 0 \end{aligned}$$

なので、状態推定量 $\hat{x}_1(t)$ は測定された状態変数 $x_1(t)\,(= y(t))$ となり、状態推定量 $\hat{x}_2(t)$ は $y(t)$ と $\omega(t)$ の線形結合により得られる。状態変数の推

定誤差 $e(t) = \hat{x}(t) - x(t)$ の時間応答を図示すると図 10.6 となる。ただし、状態変数の初期値 $x(0) = \begin{bmatrix} 0.1 & 0.1 \end{bmatrix}^T$ 、最小次元状態推定器の初期値 $\omega(0) = 0$ とする。状態推定量 $\hat{x}_1(t)$ は $\hat{x}_1(t) = x_1(t)$ であり、状態推定量 $\hat{x}_2(t)$ は時間の経過とともに状態変数 $x_2(t)$ に漸近的に近づく様子が確認できる。

最後に求めるべき状態フィードバック制御則 $u(t)$ は、同一次元状態推定器で議論した結果を用いて

$$u(t) = -K \begin{bmatrix} \hat{x}_1(t) & \hat{x}_2(t) \end{bmatrix}^T = -1737y(t) - 27\omega(t)$$

となる。

10.6 最適レギュレータ法を用いた状態推定器の設計

同一次元状態推定器のゲイン行列を求める一つの方法として、最適レギュレータを用いる方法を紹介しておこう。

(10.5) 式の制御対象を考える。同一次元状態推定器 (10.6) 式の特性多項式は $\det(sI_n - A + HC)$ である。対 (C, A) は可観測であることを仮定しているので、対 $\left(A^T, C^T\right)$ が可制御となるシステム

$$\dot{\chi}_f(t) = A^T \chi_f(t) + C^T \eta_f(t) \tag{10.37}$$

を考える。いま、l 次正定行列 R_f と、対 $\left(A, Q_f^{\frac{1}{2}}\right)$ が可制御となる n 次準正定行列 Q_f に対して、つぎの評価関数 J_f

$$J_f = \int_0^\infty \left\{ \chi_f(t)^T Q_f \chi_f(t) + \eta_f R_f \eta(t) \right\} dt \tag{10.38}$$

を最小にする $\eta_f(t)$ は、定理 9.2 より

$$\eta_f(t) = -H_f^T \chi_f(t) \tag{10.39}$$

で与えられる。ただし、H_f は

$$H_f = P_f C^T R_f^{-1} \tag{10.40}$$

であり、(10.38) 式の値を最小にする同一次元状態推定器のゲイン行列となる。ここで、n 次正方行列 P_f はリカッチ方程式

$$AP_f + P_f A^T + Q_f - P_f C^T R_f^{-1} C P_f = O_{n\times n} \tag{10.41}$$

の正定唯一解である。このとき、$A - H_f C$ は安定行列となる。なお、最小次元状態推定器に最適レギュレータの方法を適用する場合には、10.3 節の設計手順 1. において $n - l$ 個の希望の極を $A - H_f C$ の固有値から設定する。

これまで述べてきた状態推定器は、制御対象に雑音が混入されていない状況を想定してきた。しかしながら、現実の制御対象には何かしら外生信号として雑音が含まれる。そのような場合には、これまでの状態推定器では雑音によって状態推定量が影響を受けることが予想される。本節で述べた設計法は、統計的な性質が既知である雑音が混入された場合の状態推定器（定常カルマンフィルタ）に適用できる。詳細は参考文献 17) を参照されたい。

〔例題 **10.5**〕 つぎの制御対象のパラメータ行列

$$A = \begin{bmatrix} 0 & -2 \\ 1 & -3 \end{bmatrix}, C = \begin{bmatrix} 0 & 1 \end{bmatrix}$$

に対して、(10.38) 式の値を最小にする同一次元状態推定器のゲイン行列を求めよ。ただし

$$Q_f = \begin{bmatrix} 1 & 0 \\ 0 & 2 \end{bmatrix}, \quad R_f = \frac{1}{5}$$

とする。

〔解答〕

1. 行列 A, C はは可観測標準形であるので、対 (C, A) は可観測である。また

$$Q_f^{\frac{1}{2}} = \begin{bmatrix} 1 & 0 \\ 0 & \sqrt{2} \end{bmatrix}$$

であり、$\det Q_f^{\frac{1}{2}} = \sqrt{2}$ であるので対 $\left(A, Q_f^{\frac{1}{2}}\right)$ は可制御である。

2. 直接解く方法では、リカッチ方程式の解を

$$P_f = \begin{bmatrix} p_{f11} & p_{f12} \\ * & p_{f22} \end{bmatrix}$$

とおいて、(10.41) 式に代入すると

$$\begin{aligned}
&AP_f + P_f A^T + Q_f - P_f C^T R_f^{-1} C P_f \\
&= \begin{bmatrix} 0 & -2 \\ 1 & -3 \end{bmatrix} \begin{bmatrix} p_{f11} & p_{f12} \\ * & p_{f22} \end{bmatrix} + \begin{bmatrix} p_{f11} & p_{f12} \\ * & p_{f22} \end{bmatrix} \begin{bmatrix} 0 & 1 \\ -2 & -3 \end{bmatrix} \\
&\quad + \begin{bmatrix} 1 & 0 \\ 0 & 2 \end{bmatrix} - \begin{bmatrix} p_{f11} & p_{f12} \\ * & p_{f22} \end{bmatrix} \begin{bmatrix} 0 \\ 1 \end{bmatrix} 5 \begin{bmatrix} 0 & 1 \end{bmatrix} \begin{bmatrix} p_{f11} & p_{f12} \\ * & p_{f22} \end{bmatrix} \\
&= \begin{bmatrix} -5p_{f12}^2 - 4p_{f12} + 1 & p_{f11} - 3p_{f12} - 5_{f12}p_{f22} - 2p_{f22} \\ * & 2p_{f12} - 5p_{f22}^2 - 6p_{f22} + 2 \end{bmatrix} \\
&= O_{2\times 2}
\end{aligned}$$

となる。1-1 要素より p_{f12} の二次方程式を解くと $p_{f12} = -1, \frac{1}{5}$ であるが、$p_{f12} = \frac{1}{5}$ を 2-2 要素に代入した p_{f22} の二次方程式 $5p_{f22}^2 + 6p_{f22} - \frac{12}{5} = 0$ を解くと $p_{f22} = \frac{-3\pm\sqrt{21}}{5}$ より $p_{f22} > 0$ となるのは $p_{f22} = \frac{-3+\sqrt{21}}{5}$ である。項目 1. の結果からリカッチ方程式は正定唯一解を有することが保証されているので、p_{f22} はこの値で確定である。これら p_{f12}, p_{f22} を 1-2 要素の式 $p_{f11} = 3p_{f12} + 5p_{f12}p_{f22} + 2p_{f22}$ に代入すれば $p_{f11} = \frac{3}{5}\left(\sqrt{21} - 2\right)$ であり、$p_{f11} > 0, \det P_f > 0$ より P_f は正定行列であることが確かめられる。それゆえ、(10.41) 式を満足する正定解 P_f は

$$P_f = \frac{1}{5} \begin{bmatrix} 3\left(\sqrt{21} - 2\right) & 1 \\ * & \sqrt{21} - 3 \end{bmatrix}$$

として得られる。なお、ハミルトン行列に基づく方法でも正定解 P_f を求

めることができるので、読者の演習問題としたい。ただし、解法にあたってはハミルトン行列 $\mathcal{H}$ の固有値は二重根号を有するので、例題 9.4(P.185) のようにその固有値を $\lambda_i\ (i=1,2,3,4)$ とおいて

$$(\lambda_i I_4 - \mathcal{H})\begin{bmatrix} u_i^T & v_i^T \end{bmatrix}^T = O_{4\times 1}$$

を満足する u_i, v_i の各要素を λ_i の多項式として求める。$\mathrm{Re}\lambda_i < 0$ となる $i = 1, 2$ とすれば解 P_f は

$$P_f = \frac{1}{5\lambda_1\lambda_2}\begin{bmatrix} -3\left(2\lambda_1\lambda_2 + 3\lambda_1 + 3\lambda_2\right) & -2\lambda_1\lambda_2 + 9 \\ \lambda_1\lambda_2\left(\lambda_1\lambda_2 - 2\right) & -\lambda_1\lambda_2\left(\lambda_1 + \lambda_2 + 3\right) \end{bmatrix}$$

として得られる。λ_1, λ_2 は各々二重根号を有するものの、$\lambda_1\lambda_2$ および $\lambda_1+\lambda_2$ は二重根号にならないことに注意されたい。

3. (10.40) 式より (10.38) 式の値を最小にする同一次元状態推定器のゲイン行列 H_f は

$$H_f = P_f C^T R_f^{-1} = \frac{1}{5}\begin{bmatrix} 3\left(\sqrt{21}-2\right) & 1 \\ * & \sqrt{21}-3 \end{bmatrix}\begin{bmatrix} 0 \\ 1 \end{bmatrix} 5 = \begin{bmatrix} 1 \\ \sqrt{21}-3 \end{bmatrix}$$

として得られる。

10.7　練習問題

1. T 先生と F さんが状態推定について何やら議論をしている。以下の空所を埋めて、あなたも議論に参加しよう。

T 先生：今回は状態推定について学んだのですが、なぜ状態推定をする必要があるのでしょうか。

F さん：状態フィードバック制御をする場合には、すべての状態変数が（　①　）できることが前提だったのですが、しかしながら常に（　②　）出力から得られるわけではありません。そのような制御対象では状態変数を

（ ③ ）することは諦めて、その（ ④ ）量をフィードバックすることを考えます。そのため、状態推定が必要となるのです。

T 先生：では、状態推定器の構成についてですが、制御で用いる以上できるだけすみやかに（ ⑤ ）量を得ることが要求されます。単に制御対象と同じ動特性をもつモデルに同じ入力を加えただけでこの要求を満足することはできますか。

F さん：状態変数を $x(t)$、その推定量の候補を $\hat{x}(t)$、その差を $e(t) = \hat{x}(t) - x(t)$、制御対象のシステム行列を A とすれば $\dot{e}(t) = Ae(t)$ でありますので、$x(0)$ が（ ⑥ ）であるならば $\hat{x}(0) =$（ ⑦ ）とすれば $\hat{x}(t) = x(t)$ です。$x(0)$ が（ ⑧ ）である場合、A が（ ⑨ ）な行列である場合には $e(t)$ は $t \to \infty$ において $e(t) \to$（ ⑩ ）となるので、状態推定は不可能です。仮に、A が（ ⑪ ）な行列であったとしても A の固有値が大きければ、すみやかに（ ⑫ ）が達成されることは困難です。

T 先生：それでは、どうすればよいのでしょうか。

F さん：出力行列を C として、出力（ ⑬ ）に状態推定器の（ ⑭ ）行列 H を左からかけた量をモデルの入力に（ ⑮ ）する機構を考えます。このとき、$e(t)$ は $\dot{e}(t) =$（ ⑯ ）$e(t)$ となりますので、H により行列（ ⑰ ）の固有値を任意の値に配置できれば、$x(0)$ が（ ⑱ ）であっても、A が（ ⑲ ）な行列であっても、要求が適います。

T 先生：その機構を与えれば無条件に要求が適うのですか。何か条件はありませんでしたか。

F さん：今度は忘れてません。状態フィードバック制御による極配置問題と同一次元状態推定器によるそれとは（ ⑳ ）な関係があることを理解しましたので。ええーと、条件でしたね。対（ ㉑ ）が（ ㉒ ）であることです。

T 先生：はい、そのとおりです。この条件は先程の推定機構の例に挙げていた（ ㉓ ）次元状態推定器だけでなく、（ ㉔ ）次元状態推定器でも、その存在のために前提となる条件になります。

2. 対 (C, A) が可観測であるとき、任意のゲイン行列 H に対して対 $(C, A-HC)$ も可観測であることを示しなさい。ただし、$A \in R^{n\times n}$, $C \in R^{l\times n}$ とする。

3. n 次の制御対象のパラメータ行列 A, C に対して、対 (C, A) の可観測性を確認したうえで、行列 $A-HC$ の固有値が希望の値 $\lambda_i\,(i=1,\cdots,n)$ になるような同一次元状態推定器のゲイン行列 H を設計せよ。ただし、行列 H が設計できない場合にはその理由を説明しなさい。

(a) $A = \begin{bmatrix} 0 & 4 \\ 1 & 5 \end{bmatrix}, C = \begin{bmatrix} 1 & -2 \end{bmatrix}, \quad \lambda_1 = -8, \lambda_2 = -6$

(b) $A = \begin{bmatrix} 1 & 4 \\ 0 & -2 \end{bmatrix}, C = \begin{bmatrix} 3 & 4 \end{bmatrix}, \quad \lambda_1 = -7, \lambda_2 = -2$

(c) $A = \begin{bmatrix} 0 & 0 & 0 \\ 1 & 0 & 1 \\ 0 & 1 & 0 \end{bmatrix}, C = \begin{bmatrix} 0 & 0 & 1 \end{bmatrix}, \quad \lambda_1 = -7, \lambda_2 = -6, \lambda_3 = -5$

4. $\mathrm{rank} C = 1$ を満足する n 次の制御対象のパラメータ行列 A, B, C に対して、対 (C, A) の可観測性を確認したうえで、最小次元状態推定器のパラメータ行列 $\hat{A}, \hat{B}, \hat{C}, \hat{D}, G$ を設計せよ。ただし、最小次元状態推定器の極は $\lambda_i\,(i=1,\cdots,n-1)$ とする。

(a) $A = \begin{bmatrix} 0 & 4 \\ 1 & 5 \end{bmatrix}, B = \begin{bmatrix} 1 \\ 1 \end{bmatrix}, C = \begin{bmatrix} 1 & -2 \end{bmatrix}, \quad \lambda_1 = -8$

(b) $A = \begin{bmatrix} 1 & 4 \\ 0 & -2 \end{bmatrix}, B = \begin{bmatrix} 0 \\ 1 \end{bmatrix}, C = \begin{bmatrix} 3 & 4 \end{bmatrix}, \quad \lambda_1 = -2$

(c) $A=\begin{bmatrix}0&0&0\\1&0&1\\0&1&0\end{bmatrix}, B=\begin{bmatrix}1\\0\\0\end{bmatrix}, C=\begin{bmatrix}0&0&1\end{bmatrix},\quad \lambda_1=-7, \lambda_2=-6$

5. つぎの状態方程式より記述される制御対象を考える。

$$\begin{cases}\dot{x}(t) &=& Ax(t)+Bu(t)+Nd(t)\\ y(t) &=& Cx(t)\end{cases}$$

ただし、$x(t)=\begin{bmatrix}x_1(t) & x_2(t)\end{bmatrix}^T$ は状態変数、$u(t)$ は制御入力、$d(t)$ は外乱、$y(t)$ は観測出力であり、パラメータ行列は

$$A=\begin{bmatrix}-10&-1\\25&0\end{bmatrix}, B=\begin{bmatrix}1\\1\end{bmatrix}, N=\begin{bmatrix}0\\1\end{bmatrix}, C=\begin{bmatrix}0&1\end{bmatrix}$$

である。なお、外乱とは状態推定に影響を与えるような外部からの信号である。いま、外乱 $d(t)$ が存在しても状態推定が可能となる最小次元状態推定器を設計したい。以下の小問に答えよ。

(a) 対 (C,A) が可観測であることを確認せよ。

(b) ゲイン行列 $H=\begin{bmatrix}h_1 & h_2\end{bmatrix}^T$ として、行列 $A-HC$ の固有値のうち 1 個の固有値が α になる行列 F を求めたい。空所を埋めよ。

$$A-HC=\begin{bmatrix}(\quad ① \quad) & -(h_1+1)\\ 25 & (\quad ② \quad)\end{bmatrix}$$

なので $F(A-HC-\alpha I_2)=O_{1\times 2}$ を満足する $F\neq O_{1\times 2}$ が得られるためには $\det(\quad ③ \quad)=0$ でなければならない。それゆえ

$$(\quad ④ \quad)(\quad ⑤ \quad)+25(h_1+1)=0$$

を満足するようなゲイン行列 H は

$$H = \left[(\quad ⑥ \quad) \beta - 1 \quad -\alpha - (\quad ⑦ \quad) \beta \right]^T, \forall \beta$$

となる。このとき、行列 F は

$$F = \gamma \left[(\quad ⑧ \quad) \quad (\quad ⑨ \quad) + \alpha \right], \forall \gamma \neq 0$$

として得られる。

(c) 外乱 $d(t)$ が存在しても状態推定が可能となる最小次元状態推定器の極を求めたい。空所を埋めよ。

外乱 $d(t)$ が存在すると状態推定が困難になる。なぜなら、外乱が存在する場合の最小次元状態推定器の推定誤差は (10.8) 式、(10.9) 式、(10.10) 式より

$$\dot{\varepsilon}(t) = \hat{A}\varepsilon(t) - (\quad ① \quad) d(t)$$

となり、推定誤差 $\varepsilon(t)$ は

$$\varepsilon(t) = e^{\hat{A}t}\varepsilon(0) - \int_0^t (\quad ② \quad) d(\tau) d\tau$$

となるので、推定誤差 $\varepsilon(t)$ に外乱 $d(t)$ の影響が現れるからである。そこで、(③) $= 0$ となるように F を設計すれば題意が満足されるので、最小次元状態推定器の極は $\alpha =$ (④) となる。

(d) 外乱 $d(t)$ が存在しても状態推定が可能となる最小次元状態推定器が構成されるための条件は

$$\text{条件} \quad : \text{rank} CN = \text{rank} N = 1$$

および

$$\text{条件} \quad : \text{rank} \begin{bmatrix} A - \lambda I_2 & N \\ C & 0 \end{bmatrix} = 3$$

が非負の実部を有する全ての複素数 λ に対して成り立つことが知られている。これらの条件を満足することを確かめよ。その結果、条件の左辺の行列の階数を落とす λ と小問 (c) より得られた α の値の関係について気付いたことを述べなさい。

(e) 小問 (c) より得られた α の値を用いて、最小次元状態推定器のパラメータ行列 $\hat{A}, \hat{B}, \hat{N}, \hat{C}, \hat{D}, G$ を求めよ。ただし、$\hat{N} = FN$ である。

(f) 外乱 $d(t)$ が単位ステップ信号である場合、小問 (c) より得られた α を用いた場合とそうではない $\alpha\,(\mathrm{Re}\alpha < 0)$ の場合に対して、状態推定誤差 $\hat{x}_1(t) - x_1(t)$ の時間応答を求め、両者を比較しなさい。ただし、$\varepsilon(0) = 0$ とする。

6. 状態推定器は制御入力と観測出力の情報を用いて状態推定量 $\hat{x}(t)$ を得ているが、状態フィードバック制御 $u(t) = -K\hat{x}(t)$ と結合して閉ループ系を構成したとき、それは図 10.7 に示すように制御器 $G_c(s)$

$$G_c(s) = -K\left\{C_c\,(sI - A_c)^{-1}\,B_c + D_c\right\}$$

を施した出力フィードバック制御構成とみなすことができる。ただし、$U(s), Y(s)$ は各々 $u(t), y(t)$ のラプラス変換、$G_p(s) = C_p\,(sI_n - A_p)^{-1}\,B_p$ は制御対象の l 行 m 列の伝達関数行列である。以下の小問に答えよ。

(a) 同一次元状態推定器を用いた場合の制御器のパラメータ行列 A_c, B_c, C_c, D_c を求めよ。ただし、同一次元状態推定器のゲイン行列は H とする。(ヒント)　同一次元状態推定器 (10.6) 式と状態フィードバック制御 $u(t) = -Kx(t)$ を用いて $Y(s)$ から $U(s)$ までの伝達関数行列を求めればよい。

(b) 最小次元状態推定器を用いた場合の制御器のパラメータ行列 A_c, B_c, C_c, D_c を求めよ。ただし、最小次元状態推定器のパラメータ行列は $\hat{A}, \hat{B}, \hat{C}, \hat{D}, G$ とする。(ヒント)　最小次元状態推定器 (10.7) 式と状態フィードバッ

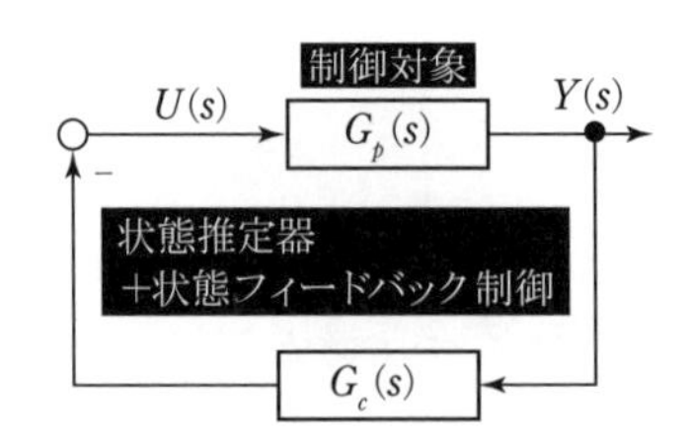

図 **10.7**　出力フィードバック制御構成

ク制御 $u(t) = -Kx(t)$ を用いて $Y(s)$ から $U(s)$ までの伝達関数行列を求めればよい。ただし、伝達関数行列の積を計算する必要がある場合、ドイルの記法（5.1 節 (P.82) を参照のこと）を用いると機械的に計算することができる。

参考文献

1) 京都大学工学部情報学科数理工学コース編: 数理工学のすすめ、現代数学社、2000年
2) 大石進一：フーリエ解析、岩波書店、2008年
3) 杉山昌平: ラプラス変換入門、実教出版株式会社、1984年
4) 児玉慎三、須田信英: システム制御のためのマトリクス理論、計測自動制御学会、1981年
5) 佐武一郎: 線形代数学、裳華房、1974年
6) 吉川恒夫:古典制御論、昭晃堂、2004年
7) 伊藤正美、木村英紀、細江繁幸: 線形制御系の設計理論、コロナ社、1995年
8) 吉川恒夫、井村順一: 現代制御論、昭晃堂、1994年
9) Jean-Jacques E.Slotine, Weipings Li: Applied Nonlinear Control, Prentice Hall, 1991
10) 丹羽敏雄:微分方程式と力学系の理論入門、遊星社、1995年
11) 小郷寛、美多勉：システム制御理論入門、実教出版、1994年
12) 森泰親：大学講義シリーズ　制御工学、コロナ社、2001年
13) 疋田弘光、小山昭一、三浦良一：極配置問題におけるフィードバックゲインの自由度と低ゲインの導出、計測自動制御学会論文集、Vol.11、No.5、1975年
14) 木村英紀：多変数系と極配置、システムと制御、Vol.27、No.5、1983年
15) 不破勝彦、成清辰生、神藤久：極配置問題におけるフィードバックゲインの構成とその応用、計測自動制御学会論文集、Vol.43、No.6、2007年

16) 田中正吾、山口静馬、和田憲造、清水光：制御工学の基礎、森北出版、1996 年
17) 岩井善太、井上昭、川路茂保：現代制御シリーズ 3　オブザーバ、コロナ社、1994 年
18) 劉　康志、申　鉄龍：システム制御シリーズ 3　現代制御理論通論、培風館、2006 年
19) 美多勉：最大非可観測空間と零点およびその応用、計測自動制御学会論文集、Vol.11、No.3、1975 年
20) M.Morari and E.Zafiriou : Robust Process Control, Prentice Hall, 1989
21) T.Narikiyo and T.Izumi : On Model Feedback Control for Robot Manipulators, Trans. ASME Journal of Dynamic Systems, Measurment, and Control, Vol.113, Issue 3, 1991
22) J.C.Doyle, B.Francis and A.Tannenbaum : Feedback Control Theory, Macmillan Publishing Co., 1992

索　引

【さ】

【た】

成清辰生（なりきよ　たつお）（2 章～ 8 章）

1978 年　名古屋大学工学部応用物理学科卒業
1980 年　名古屋大学大学院工学研究科博士前期課程修了（情報工学専攻）
1983 年　名古屋大学大学院工学研究科博士後期課程単位取得退学（情報工学専攻）
1983 年　通商産業省工業技術院九州工業技術試験所研究官
1984 年　工学博士（名古屋大学）
1990 年　豊田工業大学助教授（制御情報工学科）
1998 年　豊田工業大学教授（制御情報工学科）
2018 年　豊田工業大学定年退職
2018 年　豊田工業大学特任教授
　　　　現在に至る

不破勝彦（ふわ　かつひこ）（まえがき、1 章、9 章、10 章）

2000 年　名古屋工業大学助手
2010 年　大同大学准教授
2013 年　大同大学教授
　　　　現在に至る

実践的技術者のための電気電子系教科書シリーズ
制御工学

2018 年 9 月 13 日　初版第 1 刷発行

検印省略

著　者　成　清　辰　生
　　　　不　破　勝　彦
発行者　柴　山　斐呂子

〒 102-0082　東京都千代田区一番町 27-2
電話03（3230）0221（代表）
FAX03（3262）8247
振替口座　00180-3-36087 番
http://www.rikohtosho.co.jp

発行所　**理工図書株式会社**

Printed in Japan　ISBN978-4-8446-0876-9
印刷・製本　藤原印刷株式会社